有关建筑

纯的杂

曹晓昕 著

中国建筑工业出版社

另外的
设计（一）
P157
不是做建
P93
设计，在困
境中选择
P151
中国
式招投标
P75
甲乙两地
书之来信
P117
甲乙两地
书之复信
P121
设计说明
之一
P135
自序
Pix
端不稳
拿不住
搞不清
P147
设计说明
之二
P141
低级游
P67
另外的
计（二）
P165
穿越边界
P109
空间的关怀
P129

开头的
几句话(序)
Pv
大话城市
P35
城市大事
P49
圆白菜
P1
点子
P89
与荒芜
25
凭什么
做设计
P43
“秀”时代
P7
表演很成功，
影响很糟糕
P59
不三不四
P17
节制设计
P103
有关交流
P53

开头的几句话（序）

张永和

不久前刚和中国建筑设计研究院曹晓昕联手参加了一个设计竞赛。尽管结果是惨败，我们倒是合作得很愉快。过程中，他提到正在把自己的文章结集出版，希望我作为校友（我们俩都是东南大学出身的）、同行及合作者在书的开头写几句话（他也许说的是前言，但我在脑子里迅速将它翻译成“开头的几句话”，以卸去大部分的责任和压力）。

拿到书稿，先读了自序，发现这篇自序问题很大。

首先，题为“纯的杂”的这本书对我来说是本“禁书”，因为作者在自序中明确指出此书是给“前青春和正青春的建筑师朋友们”的，就是说没（像我这样的）后青春建筑师读的份儿，即“成人/老人不宜”。越是禁自然就越想看，于是我忍不住偷看了几眼。然后又是若干眼。不知不觉中已有斩获：曹对当代中国城市的观察（大话城市），对设计投标的剖析（中国式招投标），帮我理解工作中众多疑团；在书中为我不断向建筑外其他设计领域扩展找到了大量依据（做事情，不是做建筑；穿越边界；另外的设计）。因此，我认为这本书：一、后青春对“青春”读物是可以温故而知新的；二、此书绝不是曹晓昕自序中暗示的小学生课外读物，而是一本：

帮助梳理中国建筑实践中许多现象的，

老少建筑师通吃的，

良师益友感觉的，

专业的，

参考书。

此外，曹晓昕在自序中还说他的集子不正经，不励志。也许他并不是谦虚，而是真不想正经和励志。但我读后认为这两点他都没做到：一、读了这本书总的感受是：一个深陷于今天中国的疯狂大生产中的建筑师，还在做如此之多的冷静思考，可是件正经事儿；二、这对在焦虑和挫折中生存的中国建筑师群体，肯定是一种激励，而不是泄气。曹晓昕的语言很网络，甚至很调侃，但乘虚而入励他人之志的杀伤力就更大。总之，自序基本是误导。

鉴于作者可能没时间重写自序，我的开头的几句话主要就纠正了一下作者自序中的谬误，同时也顺便向老中青建筑师隆重推荐一下《纯的杂》的其他部分。

二零一一年七月十日

自序

首先要说，我是一个在国企大设计院的建筑师，这也是一本有关建筑的杂书。不好分类，不应是学术的那类。

“纯的杂”有两层意思，一是这确实是一本完全的由杂七杂八的文字汇集而成的杂烩，是近十年我在不同场合发表的各类杂文杂感的一个合集。二是虽是杂烩，但最终谈论只涉及建筑设计这一件事，这一点上本书是纯的。

近几年去书店，满眼全是励志的正经书。我觉得这个社会是不是有点不对头，除了吊高了所有人的奋斗目标，剩下的就是教会急功近利的奋斗手段。所以很多人“被励志”后就变得很拧巴，心态很不好，做事的结果自然好不了。这就好像几百人被一起鼓动着拼命去挤一辆公共汽车，挤上去的不但精疲力竭，而且挤得四体错位，挤不上去的被告之人生失败，只能有钻车轱辘的份儿了。

本书不是大建筑师给小建筑师的说教，一不励志，二不实用，没理论、没技术、没手法，属三无书籍，若想作为投资，在未来的设计实战中得到回报，您就不必破费买它了。

这本书比起上厕所时看的八卦书似乎又正经点儿，它汇集了我这些年在大设计院做建筑师的经历、感受还有愤怒，并且大多数已经在各类正经和非正经的刊物和杂志刊出过。随着自己的脸部特征残酷地提醒我已人到中年、青春不再，我决心把这些年写过的一些文字和相关的图片整理一下，算是对自己的粪青年代做个了断，然后轻装前行，奔向我不得不奔向的粪中年代。从这个意义上这本书算是编给前青春和正青春的建筑师朋友们。

书是由杂文和杂图拼凑的，特点当然就是“很纯”、“很杂”。

“杂”和“纯”其实就是建筑师的职业特征。

在中国，建筑师并不是个职业特征特明显的一类人，仪表上除了南大的张雷等个别人算是有点儿“范儿”，大多数建筑师基本上是扔到人堆里找不到的。如果非要列举点群体特征的话，也就是无论是男女大都爱穿点儿黑衣服（张永和这样的建筑师现在就不穿），其实这也不算，因为酒店里的服务员也都是一身黑的，制服，倍儿挺。要是说建筑师特点是忙，爱加班，那张熬夜的菜色的脸未必能比IT的精英们难看太多。还有些男建筑师算是爱玩酷，爱留些小胡子，剃个光头什么的，要把这些人扔到美术学院的校园最多也就是些见到大巫的小巫，况且“只粪不青”的建筑师大多也不是成功的建筑师。

但建筑师也确实不是普通的大众化职业，首先很纯，每天几乎只干一件事—设计房子，甚至为此放弃一部分普通人的生活，职业的原因让建筑师接触的事很多，人也很杂：学生、教师、职员、官员、工头、老板、记者、艺术家等等，等等！和他们的交流其实就是建筑师的主要工作，所以我又觉得这本书对于建筑师，尤其是比我年轻的建筑师虽不是正经的学术书，但应当是靠谱的书。

因为时间跨度有近十年，所以很多文章在现在看来有些青涩，本想调整一下，但后来觉得不必了，既然主要是编给年轻人看的，青涩也是不能重温的过渡状态，是那个年代真实的记录。

最后要说的是，感谢张永和老师在繁忙的工作中为我写序。

二零一一年五月二十日

我更加坚定地认为一个房子的好坏标准一定是看它是否健康，健康的标准可以用它是否被施加了不必要的技术措施来衡量，无论是视觉偏执的还是建筑理论嗜好。

圆白菜

二零一一年五月

我从来都没有想过圆白菜应该是什么样，或者说什么样的圆白菜是健康的圆白菜，因为它就在那儿，就在菜市场的某个角落，我偶尔也会路过买一颗，圆的，紧的，绿的，总之是认为美丽的、符合某种与生俱来的形式感的圆白菜才可以进我的厨房。

以貌取人，以貌取菜不光是建筑师的软肋，也是所有人的命门。拎着菜篮子的大妈挑起菜来绝对比我还细还高标准，富豪精英们娶个老婆也一定在美女堆里选来拣去，做到了真正的“以貌娶人”。所以我也觉得形式很重要，正如女孩子长美了，男孩子长帅了，就会多一些有利的机会，同理，圆白菜长美了也会多出一些被选择进入餐盘的机会，中国菜总结了色、香、味、形四个特点，色和形关乎视觉形式，占50%，可见从老祖宗起就已经以貌取菜了。

这是我对圆白菜最初级的认识，而对圆白菜的真正的认识，还是源自前不久在宋庄的一次饭局。

几杯“牛二”入肚，艺术家杨茂源聊起了自己种菜的经历。他自从在宋庄完成了安居工程，有了自己的院子后，就立志种出这个世界上最好的菜。最好的耕作、最好的浇灌和最好的有机肥让他有理由相信他的圆白菜是最好的，但他发现圆白菜的生长并非像想的那样是圆、紧和白中透绿的，而是松散和随意甚至歪的。杨茂源同志立即对自己业余农民的专业性产生了怀疑，在几番请教职业农民后发现不是自己种的菜出了问题，而是自己的概念出现了问题，错误地判断了好圆白菜的形式标准。原来紧的、圆的、透绿的圆白菜是需要施以激素的，菜农们从来都是吃散的、歪的不施激素的，所谓“美好”的圆白菜是专为市场培育的。市场上见到的铁棍山药也大抵如此，如果你不去“处理”一下，他们也不会按照我们愿意看到的方式去生长，它们更愿意弯曲，至少不是那么笔直地生长。紫甘蓝也是这样，好地好水好肥好日照培育出的极品反而不是我们市场上常见的紫得透亮的那种。想要紫得透亮的那种就必须进行“技术处理”。

其实培养人和培育圆白菜很像，我们总是事先设定好的社会标准和理想蓝图，而且自认为他也愿意成为这样的标准好人，用霸权的方式实现我们认定的自由人性。我女儿小时候很乖巧、很爱画画，上小学前后一段时期的画我经常把它扫描后打印出来，挂在桌前当毕加索来崇拜，那个时期她也很有自己的主意，经常有很多出乎我意料的想法，让我惊为天人。这些年经过 6 年的社会教育（其实和圆白菜的技术处理是一样的），她已再也画不出毕加索式的图画了，要不是还有美术课和美术作业，她甚至不画了，当然我也认为现在所谓的美术作业也是残害孩子艺术修养的另一种方式。每天大量的作业以及周末穿梭于各类辅导班就像每天给圆白菜喷施的技术药液，让所有孩子的想法都成了一样，一样的符合社会的优秀标准下的想象。这让我想起了杨茂源说的：不喷药的圆白菜每个长得都是不一样的，自己种的菜甚至能画出每个的不同样子，但技术处理过的就几乎是一个样，你很难分辨出它们的差异。因为它们都是“被”一样的，他们“被”长成了市场最好卖的圆白菜的标准样式！前不久网络风靡的“五道杠”少年着实令人恐惧，两岁看《新闻联播》，7 岁每天看《人民日报》、《参考消息》，小学四年级就给市长、市委书记写信倡议各种社会和政治活动，还有审阅文件的照片传于网上。最令我不解的是网络上还进行了正、反方的辩论，有什么好辩的，这就是一颗地道的被喷了药的圆白菜。这要是孩子的天性使然，孩子就不是孩子，是下凡的妖孽了！

玩出了物理诺贝尔奖的费曼，喜欢搞恶作剧，一生与规矩作对，好奇心一来可以把研究室的安全锁拆了。中国媒体和书籍介绍他时称他是怪才，我就纳闷了，我要说：凭什么叫他怪才，不就是长得和你们想象的只有喷药才能长成的圆白菜不一样吗？这是天性使然，你们那个才叫怪呢。尤其是习惯服从规矩的，如果还能得个诺贝尔奖的，一定是件最怪的事情。

建筑师的职业是做房子，农民的职业是种菜。于是二者有了一定的逻辑联系：建筑师和农民都要把自己的东西推向市场（别说建筑师是在做定制，建筑师的投标方案其实就是菜市场里等待被选择的圆白菜），于是都要考虑市场被欢迎的标准，都要加一些技术处理。这样一说对于初涉建筑设计圈的人就不难理解为什么前一段时间是新古典，这段时间是很炫的扎哈式曲线和三维曲面会成为建筑设计的流行标准款。一个设计，如果加入某种技术手段（比如参数化设计）最吸引眼球也最容易中标，所以建筑就像圆白菜一样会被“技术处理”了，给房子参数化犹如给圆白菜配某种激素。农民不吃市场标准的圆白菜，同样建筑师要是自己花钱盖房住也不会搞参数化，吃饱了撑的，费时费劲又费钱，还不一定好用，当然用自己的宅子作秀揽活儿的除外。

我的意思绝不是认为诸如参数化设计等高新技术对于建筑是无意义的，但是高新技术失去针对性的滥用对于建筑一定是灾难性的。这一点对于在建筑以外的其他领域不乏实例。

所以我更加坚定地认为一个房子的好坏标准一定是看它是否健康，健康的标准可以用它是否被施加了不必要的技术措施来衡量，无论是视觉偏执的还是建筑理论嗜好。前几年南方开会慕名去了得过国际大奖的某希望小学，情况让人震惊:不但学校残破一片，石块垒的墙也被村民拆了不少，原来该学校已经被村民弃用了，村民对该学校抱怨颇多，而且不明白为什么能招来如此多的建筑师和建筑学生参观，在他们看来这房子没法用，漏风漏雨，所以很多石块就被拆去另盖学校了。我不否认这座建筑传递的某种建筑美学的意义，甚至也被它的图片感动过，但是缺乏社会伦理评价的狭义建筑学，是不健康甚至是危险的建筑学，建筑师长期不关注社会意义及社会伦理上的健康，建筑只能变为追求形式感的喷药的圆白菜。

随着前不久西瓜炸弹的出现，我又一次感叹现代科技的力量，这样的科技也许可以获奖，但是它对于人类的生存是有益的吗？是健康的吗？如果从伦理的层面讲，这样的科技是应当被法律禁止的。

形式真的有好坏吗？当然！但它其实完全依赖于人的经验感受，因而它完全是个人的、主观的，随着经验的积累与思辨的更新，经验感受已完全相反。

前几天，又去了一趟菜市场，路过一排又紧又圆的圆白菜，我突然觉得它们很丑！“有松的歪的圆白菜卖吗？”我问道。菜场里听到的人都注视着我，视若天客……

坚固、经济、适用、美观，唯独没有涉及文化的意愿和情感的表达，“美观”一词看似与视觉文化有关，其实背后隐藏的更多词义是“喜闻乐见”，“喜闻乐见”概念下的美观，只是在过去视觉类型舒适性的总结，新的思想和新的视觉体验常常被“美观”所扼杀，扼杀的借口往往是不符合其个人揣摩出的大众意志，“大众意志”、“群众”甚至是“人民”，这些铿锵有力的抽象名词总是被用来替代真实和明确的个体及小众情绪的表达。

『秀』时代

二零零七年三月

大约四年前的一天，单位里的一个女同事突然抱怨道："商场逛了一个遍，为什么想买一条高腰的牛仔裤都买不到，全部都是低腰的。"听了这话才使我意识到：当代的妇女确实是不满足秀一下肩和腿了，她们还要将美丽的腰部也展示出来。看看现在满大街露腰露脐美女，所有人都会认为这样的展示是合理又合法的，只是这样的美丽共享对于占有欲过强的男性有些不能接受。

大约三年前的一天，有人告诉我有一个叫芙蓉的姐姐（对于我应该是妹妹）一夜成名，不是因为能歌善舞，而是因为能演善秀，而且心理素质一流，据说还是“芙蓉派”的掌门。当天我鲁莽地上网一看究竟，结果好奇心为此付出了巨大代价，整整一天吃不下东西，总是恶心。因为总是忙于工作，疏于网上生活，后来才知道，芙蓉也并非首创，早有木子美将性爱经历公布在网上，文字秀也一下使她成为名人，只不过没有芙蓉姐姐的视频秀来得更符合文化快餐的需要，成名更快。在她们的带动下，很多人将他们自己的激情照片传至网上，甚至干脆将私人生活进行 24 小时直播，其中一些人的境界远比芙蓉高得多，不求出名，也不求点击率，秀只是像每天进食一样，是一种需要。

大约两年前的一天，赵承熙在美国的麻省理工学院同样一夜成名，让世界记住了这名韩国青年的并非他在校园内屠杀了 32 条生命的空前纪录，而是几天后全美广播电视台收到他生前寄来的包裹，里面的内容包括 23 页宣言、43 张照片、28 份视频资料。他的影像带着他的愤怒与失落的情感世界很快在世界范围传播。他是导演又是演员，他通过一种极端的形式秀了自己并做到极致：把秀进行到底！死了都要秀！这个事件还同时制造了另一个名人——研究生阿尔巴古蒂（Jamal Albarghouti），他面对枪林弹雨，违反了人类逃生的本能，不但没有逃离现场，反而拿出他的诺基亚手机，像战地记者一样在教学楼里匍匐前进，进行实况录像。半小时后他的 41 秒录像被媒体重金买下，全球播放，自己的博客当晚就赢得了百万次的点击率，此后采访蜂拥而至。在我看来阿尔巴古蒂是伟大的，因为估计连赵氏自己都没有想到他的包裹里唯一缺少的最后疯狂的行动记录，也被弥补上了。他让赵氏死而无憾，他在不伤害任何生命的前提下，满足了赵氏的期待，秀了别人的同时也秀了自己。

大约一年前的一天，我发现被孔子称作“唯女子与小人难养矣”的“小女子”于丹老师迅速蹿红，她借助电视秀捧红了孔子同时也捧红了自己，也颇有上文赵氏和阿氏的遗风：一个在阳世，一个在阴间，互为媒介。只是孔子他老人家曾经红过，尽管已经红了两千多年，但自从“五四”以来，开始有人把封建社会的坏账全部都算在他一个人身上，使其持续走低，直到批林批孔、打倒孔家店时跌到谷底。这次的回涨来势凶猛，不但收复失地，看看书店里几十本关于《论语》的书籍的畅销，更有再创新高的架势。“大成至圣文宣王”在于丹老师抑扬顿挫的评书联播下，熬成了心灵鸡汤。站在文化产业的立场上，孔孟老庄、诸子百家，都潜藏着巨大的市场和无限的商机，都可以反复加工，不同的秀法可以变成不同口味，也许明天《论语》还可以是碗精神大骨汤。站在社会意识的立场上，没有于丹老师的秀，也许很多人可能还根本不知道孔子他老人家是谁呢，毕竟于丹给大众长期干枯、营养不良的心灵禾苗足足地浇上了一勺粪水，很多人可能掩鼻侧目，但对庄稼很实际、很有效，当然指望第二天抽穗收割是不现实的。

今天，“我秀，故我在”已经取代了“我思，故我在”，“作秀”已不再是演艺明星和政客的专利，它成为新人类存在的方式。秀时代真的来临了，我们似乎也不必大惊小怪，因为人类从古至今似乎或多或少都有些秀自己的倾向，父辈们只不过把家人的黑白组照压在玻璃板下或是贴在墙上的玻璃框内，偶有串门的也会强迫来看一下，从书架里拿出影集展览一下孩子们的玉照。只不过现在我们用的是互联网，而不是影集、玻璃板，展示给的是包括亲友的大众，而父辈们只展示给自己的亲友。

密斯·凡·德·罗在大半个世纪前给女医生设计的玻璃盒子住宅，虽然当时因为没有赶上秀时代而遭到了雇主的愤怒投诉，这座房子也因能够暴露女医生的生活在建筑历史上出了名，但若是在今天却怎么也算不得前卫，即使屋外屋内搞些摄像头，并 24 小时直播，在现在很黄很暴力的网络上，还真算不得打眼的视频。地产某大鳄除了登山，把“山高人为峰”成功地演绎成了“山高人威风”以外，去年还将福建土楼在深圳演绎成了廉租房，各种展览频频亮相，也是风光无限、名噪一时。虽然建成只此一栋，但他以此宣告为富人建房外也为穷人建房，是否作秀，无须判断。因为这样的秀总比没有强。

秀的时代，并没强迫每个人的秀的方式是芙蓉式的还是于丹式的，相反每个人有了更多的选择，社会也变得更为宽容。秀不仅是媒介，还是社会前进的动力。“秀”已从贬义词向褒义转化。选择厚脸皮和琵琶半遮面只是选择受众的表达路径不同，由此社会的价值观正在发生着根本的变革，这样的改变更是颠覆了是非判断的评判体系。评判权威的分散，去中心化的草根意识，都是导致价值多元化的根本，甚至美国《时代》杂志两年前根本选不出一个年度风云人物，最后他们只好说那就是“你”，“你”就是“我”，是我们每一个个体的价值。价值民主化这样的命题在艺术的圈子里早有定论，是服务大众还是服务小众早已不是争论的话题，小众、分众是大众的组成基本单元。大众只是个被掏空壳体的概念。

建筑的价值观演变在秀时代也难逃干系，我们身边的国家大剧院、鸟巢、CCTV 大楼一次又一次地挑战着我们前辈们公认的坚固、经济、适用、美观这四项基本原则。想想看这些建筑在我们今天的社会建筑承载着人们希望的同时，确实缺少了人的意志的表达。坚固、经济、适用、美观，唯独没有涉及文化的意愿和情感的表达，“美观”一词看似与视觉文化有关，其实背后隐藏的更多词义是“喜闻乐见”。“喜闻乐见”概念下的美观，只是在过去视觉类型舒适性的总结,新的思想和新的视觉体验常常被“美观”所扼杀,扼杀的借口往往是不符合其个人揣摩出的大众意志。“大众意志”、“群众”甚至是“人民”，这些铿锵有力的抽象名词总是被用来替代真实和明确的个体及小众情绪的表达。当我们的情感表达在建筑中，可以更个体些、小众些，建筑才能更加渗透人为主体的文化的理解，人性化设计不仅仅是简单的无障碍设计。

别说大街上奇形怪状的丑房子是秀时代的产物，往前的任何一个时代我们都产生过大量丑陋不堪的房子。别说秀时代的房子太夸张、太浮躁都是因为太爱自我表现了，也许那是我们还没有选择好表现和表达的方式。静默、冷峻我们同样可以选择，在满大街喧嚣的房子中，酷一点不是很好吗？为什么非要选择肤浅的芙蓉式表达？更不要说秀会让人躁乱，失去思考，不想去表达的人哪里还有思考的动力？沉默不属于这个时代。

在秀的时代,建筑师沉默就意味着死亡,他和他的建筑都需要开口说话。

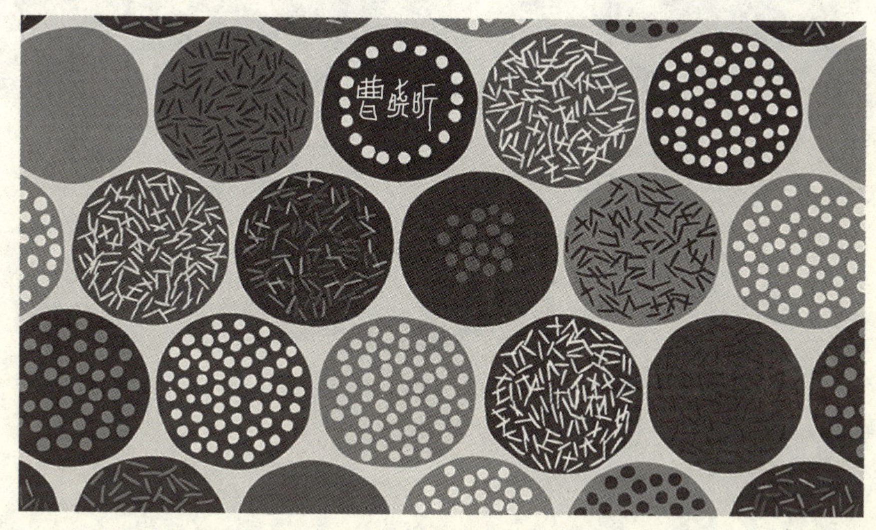

2009年于天鸿、王永刚策划的《想想再设计》展在北京751展出，生平第一次混在前卫艺术家队伍里做展览，在别人眼里我是前卫艺术家，在自己眼里我只被前卫艺术“夹”了一下。

2008年由崔愷先生策划、我设计完成的中国建筑设计研究院设计作品展在北京国际展览中心展览。砌筑展览空间的挤塑泡沫块至今还在利用它们制作工作模型，秀了还用了，有点儿贪。展览结束了，可使命还没有完成，新项目的点子和想法就孕育在展板背后的泡沫块中，这一点上展览还在继续。

建筑好像永远时尚不起来，也无法摆脱时尚，这关系显然不是密不可分的夫妻，它更像是两情相悦的地下情人，就这么纠缠不清，就这么不三不四着。

不三不四

——写在751「看看再设计展」之后

二零零九年十一月

以前只听过艺术尤其是前卫艺术和时尚“沆瀣一气”的，没见过建筑与时尚现在这么“不三不四”地待在一起。

总是觉得建筑根本不关时尚的事，建筑是永恒的、是精英气质的，而时尚是轮回、不确定，甚至是媚俗的，连建筑师的穿着也是青黑一色，以至于曾有著名媒体报道世界建筑师的会议为乌鸦的会议。

我们面临的建筑学教育更是这样，20 世纪八九十年代，我学习建筑的阶段遇到的都是造诣颇深、言谨行慎的令我尊敬的老教授，两耳不闻世事地做人、为学，颇有些中国传统文人出世的风范。而不好好学习的“坏学生”才会把社会上的时髦东西带进学校，“治学求道”与“时髦”似乎成了水火不容的两个对立面。那时好像还没有“时尚”这个词，那时崇尚时髦会上升到一种不良的政治态度，是资产阶级自由化的倾向。而我除了在学校有一次偷着烫了一次头发以外，在很长的时间一直以“求道”自醒，坚决地抵制了“坏学生”用“时髦”破坏我的治学心境。

如果从学校算起来，干建筑已满二十年了，近来结交了些艺术和时尚圈的朋友，居然也开始变“坏”了，干点时尚的事儿，虽然谈不上晚节不保，但对一直安分的我心里总是惴惴不安。今年9月，朋友约我以建筑师个人的名义参加和家居、服饰等混合时尚设计师展，更让我心里犯起了嘀咕：“展个啥？建筑的时尚在哪里？”开会的时候，不经意间我给这个展览起的名字“看看再设计”被采用了，英文很嘎，叫“Let me see see”，十分轻松。回头一想，也对，建筑总是太学术、太刻板，为什么不能尝试以轻盈的方式展示一下呢？翻开以前的工程档案，设计构思阶段的草图、工作模型总是那么的无拘无束、天马行空，视觉上也比最后的设计成果更明确、更有力。它还原了由于技术和人事关节而变得模糊不清的本象，建筑的结果已不重要了，设计作为事件本身被还原成过程中的片段，设计变得简单和有趣了，具有亲和力。展览结果不知道到底时不时尚，但大量的设计过程展示的本身，也让大众认识到了建筑设计是如何有趣地发生、产生的。这对于建筑与大众之间的沟通、对于展览本身，好像足够了。

一直没有想出来，建筑和时尚是怎么一回事。

开展的那一天，穿越了服装、装置艺术的展台，看见自己的展位，倒

24000
25.0
路红线

是没有觉得格格不入，但还有怪怪的感觉，有些说不清、道不明。也许这是对的吧：建筑好像永远时尚不起来，也无法摆脱时尚，这关系显然不是密不可分的夫妻，它更像是两情相悦的地下情人，就这么纠缠不清，就这么不三不四着。

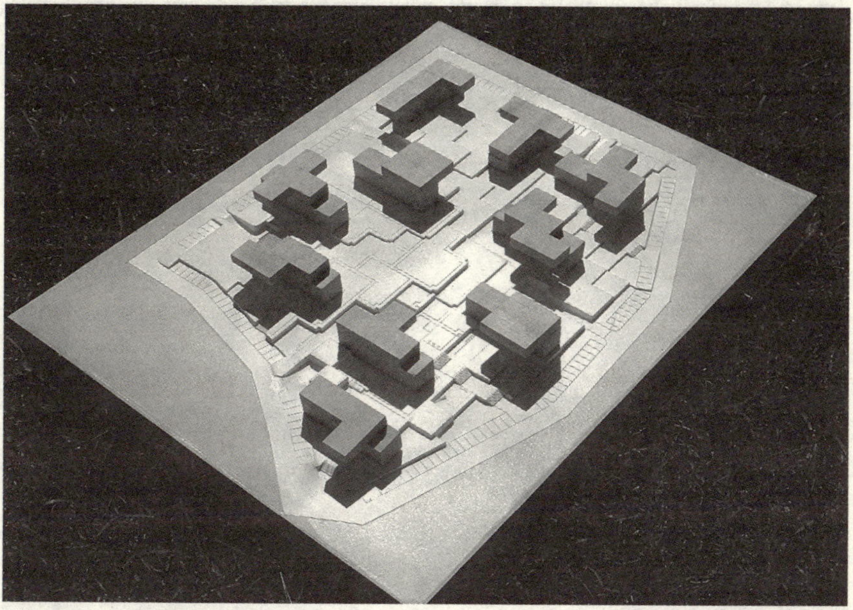

在深圳，某开发商直接复制了一个意大利港口小镇，名字也一样叫“波多菲诺”，甚至连街边小店的招牌也一模一样地被复制了过来。“克隆”和“山寨”一时间成为和国际接轨的最直接有效的手段，因为不用接，我的和你的一模一样。

繁华与荒芜

——写在意大利的旅行之后

二零一零年三月

“生命中，不断有人离开和进入。于是，看见的，看不见了，记住的，遗忘了。”

“生命中，不断有人得到和失落。于是，看不见的，看见了，遗忘的，记住了。”

一段来自几米漫画中的词句，在意大利旅行中，却增加了另一种诗意之外的思考。

亲历人类近代文明之路，在直面古罗马遗迹和文艺复兴经典的日子里，没有理由不慨叹：文明与文化对于线性的社会历史总是在不断离开和进入、得到和失落中更替进行。“然而，看不见的，是不是就等于不存在？记住的，是不是永远不会消失？”

十年前同样的欧洲旅行，忽然觉得不能算是看世界的客观旅行，更多的是情感化的圆梦之旅。来自物质生存环境的落差让我以一种怯懦的心态来羡慕和崇拜欧洲的城市与建筑，这样的心态与农民工初次进入北京、上海等大城市时几乎无异，物质世界的差异对心灵的强烈震撼让我们很难分清我们崇拜的是物质世界还是其背后的精神文化，也很难让我们客观判断欧洲文化价值和本土自身文化的价值差异，以至于自己也开始怀疑文化对于一个民族或地区独立存在的价值。不能否认在近现代中国经济长期落后的背景下，确实难以让人顾及我们的文化诉求，认真思考我们的本土文化是不是在萎缩和衰退。随着中国经济的飞跃式发展，中国的一线城市与欧美的“城乡差异”急剧缩小，意大利作为不发达的发达国家，中国作为发达的发展中国家，似乎有了在平等语境下的比较平台。构筑这个比较的平台，还有重要的一点是历史的共性：都曾经拥有不平凡也不曾断裂的文化脉络，虽然我们的母文化在近代被西方文化所压制甚至植入，但与其说是文化的压制倒不如说是为了经济发展而受到的胁迫。没有了“城乡物质差异”所导致的心理落差，甚至北京、上海与那不勒斯等意大利的二线城市相比，还会出现“逆差”。物质上有了底气，也使人有理由相信这样的思考更客观，文化的价值可以是相对独立的，它与物质崇拜无关。

意大利作为国家抑或民族，曾经拥有强大的历史背景：从埃及和希腊输入的文化基因不断强势延续，让古罗马成为欧罗巴板块上最强大的帝国，之后虽遭日耳曼人的侵占，其文化和宗教却生生不息，几乎感染了整个欧洲，14 世纪从佛罗伦萨开始的文艺复兴更是让整个欧洲板块迅猛崛起，并借助其创造的现代经济社会规则，通过资本通吃全球，让古罗马延续下的欧罗巴文明成为世界上最有统治力的文明。

在信息传播空前迅捷的今天，越来越多的人都知道意大利的当代国民行事缓慢、散漫、浪漫，搞经济不行，打仗更不行，不尚武、不尚工，与美国比起来也算不得尚商，几乎没的可尚了。意大利人作为公民个体更注重生活的享受，这也让作为集体性的国家单位丧失了公共性效率，随着全球经济这两年的不景气，近年经济呈现颓势更为明显。这种文明强势和近些年经济的颓势，让我们很容易提出一个问题，意大利国民会不会很失意？然而这个问题对于我们的思维方式是一个问题，而对大多数意大利人来讲，则不是个伪问题或者是个可笑的问题。我们总是习惯用国家经济甚至单纯的 GDP 来衡量国家的成败，并用集体意识的国家尊严来代替个人尊严。而他们很关心个人的尊严与幸福，个体的生活状态和经济有关，但更多的是对精神生活的品质追求。艺术领域的高度成就延续到了生活的各个方面，文化艺术生活空前繁荣，强大的历史文化成为当今世界的主流，塑造着国民的自信与尊严。在迷恋经济增长的中国，很多人怀疑：经济不行谈何文化？是不是经济应是文化价值的前提？前不久的奥斯卡电影节评奖，票房市场毫无作为的《拆弹部队》独揽六项重要大奖；有史以来最为轰动，并创造前所未有的市场纪录的 3D 电影《阿凡达》只是染指了零星的技术性奖项，评委会以自己独立的价值尺度对这部创造经济奇迹的电影说了“不”的同时，更传递出评委会一种文化自信的心态。而这样的事情在中国几乎难以想象。

作为国家盛衰的GDP增长指数，虽然与个人的幸福指数有关，但并不是最重要的。文化与艺术的成就会带来更巨大的精神快乐与自信，价值观及其影响力将构建民众的精神家园，形成无法改变的人和国家的终极精神品格。意大利人对于缓慢、散漫、不尚武、不尚工有自己的理解和价值依托，也许这就是一种对浪漫生活的最佳解答。意大利人的飞机、火车不是最先进的，卫星要不是依托欧盟也许都上不了天，更不要说更尖端的科技能力。但是，意大利创造了世界的主流生活，顶级生活奢侈品的品牌大部分源自意大利，从服装到箱包，从化妆品到顶级跑车，以至于有人断言世界的富人圈是被意大利化的富人圈。也许现在谈论推动近现代的世界名人伽利略、哥伦布、布鲁诺、达·芬奇、米开朗琪罗、拉斐尔、但丁……有点虚无缥缈，会被讥笑为附庸意大利的风雅，而在现实的世界里，各种豪华场所却无一例外地充斥着意大利的品牌：PRADA、ARMANI、VERSACE、GUCCI、Dolce&Gabbana、ZEGNA、MISSONI、Costume National、Franco Moschino、Diesel。本来奢侈品在全球范围的消费无可厚非，因为它是完全具有西方传统和个人情趣化的东西，在一个缺乏贵族传统、人均GDP只有三千美元的中国，却成为消费大户，预测今年就可超过日本，成为最大的奢侈品消费国，其市场份额在全球将会达到创纪录的30%，可谓未富先奢。在中国一线大城市，办公室里的女秘书可以花三个月的薪水买一个PRADA的提包；在公车和地铁站里提着货真价实的一线奢侈品品牌的小白领和大蓝领们比比皆是。其实，他们大多省吃俭用，为了一套房子的首付算计度日。奢侈品平民化的背后正是中国自身文化价值感的缺失，这种由于本土文化基因的缺失必然导致用其他文化来填补丧失，小白领们也知道PRADA的提包寒不能取暖、饿不能果腹，但背上了就背上了自信。这一点表现在建筑文化上就是在每一个城市都阶段性出现的、以罗马柱为代表的欧陆风情，复制完古罗马然后复制欧洲的近现代。因为我们虽然有钱，可我们提不出自己的价值观，更没有独立的审美语境，我们只能用别人的价值系统。在深圳，某开发商直接复制了一个意大利港口小镇，名字也一样叫“波多菲诺”，甚至连街边小店的招牌也一模一样地被复制了过来。“克隆”和“山寨”一时间成为和国际接轨的最直接有效的手段，因为不用接，我的和你的一模一样。

中国的文化在建筑上已经处在了两面受敌的危险境地：一方面，政府和开发商雇佣国内建筑师克隆欧美古代、近代和现代的建筑；另一方面，又雇佣欧美建筑师在中国创造新的欧美当代文化。重要的建筑和地段非要请境外设计师做设计，中国本土建筑师连参与投标的资格都没有！在中国建筑的圈子里，很多人慨叹我们的建筑学发展这么多年，依旧不能脱离欧美的轨道，其实建筑师、官员、开发商都脱不了干系。我们有些官员不管是多么位高权重，开发商是多么腰缠万贯，在文化自信这一点上和背着PRADA挤地铁的小白领们并没有什么分别。

也许他们并没有太大的错，因为在中国，经济的提升并没有实现文化的更高诉求；换言之，商品的大量出口并未带来文化上的输出与贡献。我们可以给这个世界各类的商品和物质，抛开祖宗留下来的东西，我们在文化的高度上又给予了当今世界什么呢？甚至，我们可以通过资本的运作将世界知名的品牌收入囊中，却不能将独立文化观向世界传播。前不久李书福收购沃尔沃，可是我们依旧不能说沃尔沃是中国的品牌。换个角度看，不能否认的是欧洲的汽车品牌控制了中国的资本。文化的力量不是通过武力或是金钱就可以征服的，历史上范例无数：日耳曼人武力征服了罗马人，占领了罗马，却被伟大的古罗马文化所征服，不但丢掉自己的落后部落文化，还成为古罗马文化传播者。中国历史上外族多次在武力上入主中原征服汉族，却都沿袭了汉族的中原文化；只有元朝是例外，拒绝了，不用汉字也不沿袭汉制，结果统治不到一百年就又回到草原放羊了，倒是它在中亚、西亚的几个汗国统治更长久，因为他们很早就被伊斯兰化了。因此，在历史长河中民族、地域之间的角力，最后胜出的不是武器、金钱，而是看不见、摸不到的文化。

从这个角度上看，与汉唐宋对世界的贡献相比，我们现在不但缺少在文化上的进取心，更变得像一个败家子儿。当今的中国亟须在文化的高度上提出自己的观点，伴随着经济实力的提升，并且在全球及国际事务中扮演日益重要的角色，目前迫切地需要提高自身的软实力。文化艺术上的成就可以带来全民族的文化自信，甚至能够平息各类社会矛盾与恐慌，推动社会的进步，更可以加深西方对中国的了解，从而赢得我们急需的大国崛起的国际空间。没有了自身文化的诉求，未来国际社会中我们只是一个有钱的奴仆，因为，只有制定规则的才是真正的主人。

从意大利回到北京，望着远处古都京城的阑珊夜色，衣着光鲜的人们行色匆匆，享受着夜的生活，灯火辉煌处甚至胜过了米兰。这是一种熟悉又陌生的繁荣，醉心于经济增长的人们忘却了这物质繁华背后的有种东西在枯萎。没有了它，财富也只是飘浮的云烟，总会散去。

历史就是不断地得到和失落。于是，看见的，看不见了；繁华的，荒芜了。

带着这样的结论，以城市原型去衡量以下已经异化的城市状态，我们焦虑，写成了以下的关于城市的大话。

回过来看这篇 2007 年写的《大话城市》，也许给城市中的每个人提个醒，我们的城市和我们都在“痛，病，快乐着”。

大话城市

二零零七年五月

引子

中国的城市化两面来袭：一面是农村向城市化迈进，另一面是现有城市正在进行新的高强度的格式化。“城市”一词太有才了，瞬间成为专业和非专业媒体的新宠，高频地出现在专家和官员话语中。“城市”被频繁引用和链接的同时，却制造了“灯下黑”窘境，定义城市变得异常困难：城市是什么？我们在城市又是谁？在《现代汉语词典》，城市如此解释：“人口集中、工商业发达、居民以非农业人口为主的地区，通常是周围地区的政治、经济、文化中心”。这样的解释似乎有些含混不清，对于认识城市的基本性质显然没有任何意义。城市复杂，而复杂事物的本质往往总是被它发展过程中衍生的旁枝末节所遮蔽，认知城市，不如从认识它的原型开始。

“城市”其实是一个词组，起源是城＋市，再具体就是城防＋集市：很久以前人们在耕种狩猎之余，拿出剩余的产品在不固定的地方交换，时间久了有人发现不同物品的交换之间，自己可以获得利益，于是商人产生了。商人多了慢慢地聚集在一块儿固定下来，手工业者可以摆脱土地和森林的束缚，他们也来了，形成集市，集市周围散布着商人和手艺人的住屋。集市孕育着巨大的利益，蛮荒时代的集市经常被其他外来部族劫掠，于是人们开始筑城来保卫自己，形成了最早的城市原型。这样的原型最简单也最纯粹，它让我们认清城市的“城”是附加的，“市”才是本质。在现代法治及国家防卫体制的社会中，“城防”的必要性更是丧失殆尽，“市”更是理所当然地成为主体。进而言之，已过度物化的“城”不是城市的本性，“市”所包含的市井生活才是它真正的主体。

带着这样的结论，以城市原型去衡量以下已经异化的城市状态，我们焦虑，写成了以下关于城市的大话。

大话城市之一：汽车填塞的壳体城市

借助汽车的我们，感觉就像蠕动的蜗牛变成了飞奔的野兔，它有效地延展了人的活动空间的同时，也扩展了人的欲望和野心。讽刺的意义不言而喻：野心和欲望的手段是用汽车这种钢铁的躯壳禁锢人活动的空间来实现的。每天，这种钢铁的躯壳将人送入叫做“高楼大厦”的壳体中。家、汽车、办公室、商场甚至飞机，我们生活在一个接一个的壳体中，生活变成了人在壳体之间的位移运动。城市原型中的“市”原本存在于大楼的壳体之间，这样的壳体间隙也是最迷人的，因为它孕育了最自然的市井。然而在现有城市中却被汽车填满，汽车主宰了现代都市，人活动的空间被挤占了，人流被高速的车流网格切碎了，于是人最本源、也是使猿进化成人的根本活动——行走，成为城市的二流活动，要么穿行在地下道间、天桥之上，要么被汽车挤在路边和各种壳体的通道中。汽车填塞了房屋壳体之间的缝隙，城市堵塞了，于是城市为了生存，只有加大壳体之间的缝隙以求疏通，城市的发展几乎成了道路的发展，堵塞、加宽、再堵塞、再加宽……

汽车就是这样无情地挤扁了“市”，撑裂了“城”。

大话城市之二：图纸视觉的城市

城市的原型只是自然地生长，没有图纸上的规划。人类绘画的技艺原本只体现在微观上，君王时代随着他们雄心的膨胀，他们为自己的陵墓和王城的建设控制开启了规划的先河，测绘和放线技术的发展，使兽皮、绢帛或是纸上的图案有了变成雄阔城郭的可能，城市由原始的生长变成封建时代的营造，进而演化到现代的规划开发。“城”的尺度被无止境地放大，人类对于图案和绘画式的审美通过图纸放大成了空洞和索然无味的城市空间。不可思议的是城市规划的决策者正在以不可思议的方式做着决策：只有航拍才能洞察的与城市生活毫不相干的图案，支配着他们建功立业的雄心，城市只是他们向上汇报的一张图纸，图案当然重要！

当然，这里面还有规划师、建筑师为了自圆其说的蛊惑。绚丽的表现图塑造着奇观城市、标志建筑梦想的同时，城市生活没有了生存空间。

一不留神，城市成为图纸上图案的奴隶！

大话城市之三：无“市”的整洁城市

中国人历来有一种传统，宁要面子不要肚皮，古时落实到文人身上还算是一种高风亮节。

城市也一样：文明卫生城市一直是中国衡量城市质量的标牌，小学生形容好街道的习惯性词汇是“宽敞整洁”。然而街道视觉上的宽敞牺牲了人的步行尺度，所谓“宽街无闹市”，除了城市管理者的英雄主义情结可以寄托在街道的宽敞上，市民的市井生活需要它吗？以“整洁”的名义驱除小商贩的“市”的场所，显然不能与和谐的主旋律相和谐。偶然走过北京的大道后面的小街，烤串店、大排档、各类小铺生意兴隆，虽然人杂、声杂、气味杂，但是人的行为是单纯的，人的心境是和谐的，膀爷和绅士各得其乐，俨然一幅现代版的《清明上河图》。

可是我们的城市中这样的场景在减少，整洁的街道将市井间的城市生活抹杀了。他们失去了空间后，被挤压到了立交桥下和过街天桥上，他们从城市的主人变成了城市的盲流，整天与城管玩着老鼠与猫的悲情游戏。

我甚至觉得是“整洁”扼杀了构成城市的多样性的生态系统，扼杀了构成市井的多样性人群，城市成为只有一种树木“干净整齐”的森林，而我们就生活在这种变态的和不会持久的森林中。

大话城市之四：规划的鬼话城市与不可规划的硅化城市

有一天，规划有了可怕的理论，城市的噩梦开始了。

规划的概念很多，引人的词汇也很多：行政中心区、经济开发区、中心商贸区、卧城、卫星城……指标也很多:容积率、绿地率、高度、密度、强度等，概念和指标支配的城市诞生了。这样的严密规划的城市只有在诞生后才发现：规划原来只是编造的鬼话。原有相对均质化城市的和谐性被打破了，工作与生活的自然状态被打破了，各类中心区的集中式规划满足视觉的虚荣心的同时，使得人们被迫在工作区和生活区之间大范围迁移。于是在每天的一早一晚，人的潮水规律地冲击着城市，再宽的道路也只能被人潮堵塞,虽然很多人依旧认为堵塞的罪魁还是道路太窄。

城市不再相信规划出的鬼话，道路不再是连接城市不同生活空间的唯一通道，e时代的网络出现了。起先它只是简单连接电脑上的部分信息，后来随着电脑的正在支配着我们的生活，网络连接了我们的生存空间，城市第一次在逃离虚伪的鬼话中，悄悄地硅化了。这样的硅化对于城市是革命性的，它的独立性让你无法抗拒它的拓展，它不能用规划控制，更无法用行政来指导。

现实空间和虚拟空间不再是疆界清晰的两极，混合与替代正在越来越多地发生，城市在硅化中变得趋于均质。也许在未来完全硅化的城市中，e的带宽将无限延展，而城市道路可以变得更窄些。

大话城市之五：资本对城市的物理与心理的重新格式化

“资本”的事儿也就是这一百年的事儿，在这以前的也不能说就与资本无关，但更多的只是叫做“钱”的资金。

资本来自于现代的商业，现在却像恶魔一样操纵着不只是商业的一切。城市的生长与更替反映着资本的运作轨迹，楼宇不再只是提供人的活动空间，资本使它在城市中变成炫耀财富和攫取财富的工具。当城市被规划的同时，建筑被设计了，这种由资本控制的设计的危险在于设计目的已不再是城市生活的本身，而是更多地包含了取财和显富。按照资本编制出的市场规则，一个没有“卖相”的房子一定不是个好房子。这个定律推导出的结果只能是建筑设计必须超越建筑本体完成过载的设计。

设计招投标其实就是选择过载设计的设计，于是城市的建筑单体每一个都会被过度设计，当代的城市与建筑单体通过资本就这样被重新格式化了。

资本的业绩更表现在对人的心理控制，攀高的房价对于公众造成的心理恐慌不亚于一场新的“文化大革命”，只不过标语口号被心怀叵测的房地产商们换成了“资本无罪，涨价有理”。

大话城市之六：城市的进化悖论

农村要城市化了，农村因而要盖像城市人住的一样的楼房。楼房是农村的梦想。

城市太挤了，因而城市人中的极品们要盖像农村人住的带院子的平房，townhouse 和别墅还真不够档次。平房是城市的梦想。

居住方式轮回的背后，隐藏着居住方式回归起点的可能。相信农村城市化的方向，还是相信城市农村化的趋势已变得毫不重要。

城市陷入演化的悖论中，我们每个人都会问自己：我们的城市是进化了还是退化了？

大话的大话理由

以上的大话城市不是大话西游。

但可以是解读，也可以是调侃，

却不是恶搞的无厘头。

大话中隐藏了更多的简单与诚实。

大话对于城市，

至少，可以表明一种鲜明态度，提供一种非常的选择，抑或激起一种曾被漠视的关注。

更重要的，大话的写字儿方式，

还可以谋求一种自由的境界。

现实中我们放弃了对事物思考，以至于程式化的建筑真的太多，它总在按照视觉惯例告诉着我们：它像什么，它代表着什么。这样的现实是可怕的，因为视觉的惯性反过来正逐渐地懒惰着我们的思想，使我们失去了对建筑发现和体验的快乐。

凭什么做设计

二零零四年七月

2003 年在成都开会的时候，一位朋友曾问我：

“你觉得你做的设计，是你自己的设计吗？”

我回答：“应该是吧，因为我没有抄别人的。”

“可是不抄别人，你凭什么做设计？”

“凭我平时的积累，平时的学习很重要。”

“平时学的都是别人的东西，积累的也是别人的成果，用来做设计能算是自己的吗？”

“至少会有一些是自己的吧，因为每个项目的条件总会不一样，结果自然不一样。”

“体积、高度、形状会有不同，可是建筑本质的东西并没有什么不同，我是在问你的设计到底和别人有什么不同？”

“我，我……”

我记得我想了半天也没有回答上来，还可笑地说了些用工作模型把握设计的事例来搪塞。

这是一段记忆深刻的对话，只是由于在这一年里总是不断地在记忆中回现，反倒觉得有些虚幻，但朋友是真实的，他的名字叫柴培根。

以后的日子里让我思考了很多：到底凭什么做设计，我才能说这是我自己的设计，这是我自己的思想的结果。也许这话有点过了，因为原本建筑并不拒绝一致性和归源性，不然也不会有这么多人研究流派和门派的事情，然而在我看来这是完全两种不同层面和范围的事情：流派和风格是最表层的事情，在下面应该涌动的是对事物认知的阐释，是建筑师思考问题得到的答案。

现实中我们放弃了对事物思考，以至于程式化的建筑真的太多，它总在按照视觉惯例告诉着我们：它像什么，它代表着什么。这样的现实是可怕的，因为视觉的惯性反过来正逐渐地懒惰着我们的思想，使我们失去了对建筑发现和体验的快乐。好的画作代替不了好的设计，稍加思索，就拿起铅笔潇洒地在草图上勾勒的人，自以为建筑设计是厚积薄发的，是用灵感创作的，其实都是简单的输出，是程式化的罪魁。胡适先生提出的“少谈些主义,多研究问题”也许用于现今日趋程式化的建筑设计再好不过了，因为建筑设计远不是简单认知意义上的绘画和雕塑，建筑的出现意义在于以物化的手段解决社会问题，诸如居住、工作、娱乐等，而由此而引发的空间遮蔽、开敞、采光、视线、节能、经济以及行为方式等各类基本问题，所以在项目中具有针对这些基本问题的分析、学习、推导才是推进设计的原动力。这些建筑最基本问题的研究成为设计开始的原点，在这样的设计中所有原本固有的模式被动摇，密度、容积率、尺度、比例都被重新认知，新体系的建立和新结果的出现常常出乎建筑师自身的预料，设计也会因此成为最让人沉醉和妙不可言的事情。

由此展开的设计过程就会犹如一次旅程，一次对未知世界的发现之旅:在迷幻般的陌生世界中艰辛地寻找，不断认知，不断迷失，不断发现。疑惑、苦闷、惊喜一次次地撞击在心灵深处。过程中获得的新的发现就像是路途中的驿站，并由此出发向新的世界迈进。新的发现在习惯的诱惑下也常常使建筑师误入迷途，回过头看经过的驿站也许有的是废弃的，有的是前进的基地。但不管怎样，新发现、新线索的介入，迫使建筑师必须调整自己，建筑师的思想也会在调整中变得更为深刻。期待新线索、新规则的碰撞犹如期待一次提升自己精神的机会来临，学习、分析和发现的过程使得内心更加坚强。

也只有这个时候，设计才能属于社会规则的同时，属于自己的思想，属于个人的经历和认知。

有关设计
第七工作室

城市的发展更像是一场竞赛，在资本制定的规则中完成自身的成长和比拼轨迹，而“注意力经济”这个名词的不断闪现正是资本嗜血性的最好表述。叫游戏规则也罢，叫潜规则也罢，简而言之，被注意才能被投资，被投资才能被发展。于是形成的发展共识很容易将“注意”落实到打动人们的眼球上，“城市们”总是在不断策划着、制造着一个个大的和更大的事件。

城市大事

二零零九年一月

我们正处于一个特殊的历史时期，这是城市大发展的时代，同时又是一个城市大事件多发的时代。

一方面没有人能说清楚是城市的个体事件促成了城市发展，还是城市发展引发了事件的产生；另一方面可以肯定的是，城市的大事件一定在影响着城市的价值结构，甚至是城市的未来发展趋向。就像 2008 年的奥运会对于北京，2009 年的全运会对于济南，2010 年的世博会对于上海，正在分别以昨天、今天和明天的方式改变着他们的城市本身。而事件留给城市的不仅仅是一个简单的物质上的烙印和曾经新鲜的视觉遗产，更多的是左右了这个城市的发展走向和空间格局，甚至是经济产业结构。在这些不同城市以及不同事件的表象背后，城市如何应对这样的大事件，以及这些大事件所引发的城市后遗症如何医治，恰是建筑师和规划师对于建筑和城市的一种有益的、社会学意义上的思考。

在这个世界经济一体化的大舞台上，资本给我们每一个人、每一件事制定了游戏规则。城市的发展更像是一场竞赛，在资本制定的规则中完成自身的成长和比拼轨迹，而“注意力经济”这个名词的不断闪现正是资本嗜血性的最好表述。叫游戏规则也罢，叫潜规则也罢，简而言之，被注意才能被投资，被投资才能被发展。于是形成的发展共识很容易将“注意”落实到打动人们的眼球上，“城市们”总是在不断策划着、制造着一个个大的和更大的事件，因为市长们也认识到了用几个吸引眼球的房子打造了几张名片还不够，还要制造事件，制造把名片发出去的机会。奥运会、世博会这样的头等大事就更是机会，而这样的机会不仅是北京和上海的机会，也是中国向世界群发名片的机会。奥运会、世博会甚至全运会不仅改变了北京和上海等城市中一部分区域的空间结构，也极大地拉动了投资、高新创意产业和第三产业链的发展。

然而，大事件在未来的几十年中对于城市各个方面的影响也许我们根本无法估量和想象。因为城市不仅是大事件的发生地，也往往是大事件的策划者和被策划者、执行者和被执行者，一座城市的重大事件往往在很多方面难以预想地改变着这座城市，继而引发了集体性的普遍性的中事件和小事件，而在其中不可避免地有积极的一面，也有消极的一面。例如，吸聚巨额投资的同时，拉高了地价和房价，使城市的主体——市民的生存受到了威胁，继而引发了一系列的社会矛盾，“楼倒倒、楼脆脆、楼歪歪”这些城市小事的热议，电视剧《蜗居》的热播，更是体现市民对于自身生活状态的焦虑。这样的事情我并不认为是小事件，不是因为它是“蝴蝶效应”的放大，关键是这些个体小事件和中事件的集体性发生具有了共振般的响应，它导致的恰是背后巨大的非显现性事件。关注人、关心人，尤其是城市中的弱势群体是我们未来城市将要做的最大事。

2008 年发生在陕西的“华南虎事件”，让人们知道了安康市和镇坪县城，前不久的曹操高陵事件让河南安阳市一夜之间成为媒体的焦点和宠儿。这和娱乐圈有点近似，只不过后者不管事实是否确凿，这样的动静还是涉嫌炒作，而前者更像是不折不扣的绯闻了。在注意力经济面前，好像城市也明星化了，它们拥有着同一条共有的定律：“臭名”总比无名强。于是只要留心，我们总能发现许多城市绯闻和伪大事件被不断地制造出来，而背后则是巨大的资本和利益推手，城市的发展和期望被传媒畸变地左右了，城市的自身发展规律被弱化甚至被扭曲。

城市大事件有时甚至可以定位一个城市，从而跃升一个城市的方方面面。但当这样的事件被制造，从而使城市被定位时，城市的发展却埋下了危险和隐患，这好比绯闻制造出的明星，一时的虚幻名气总不能比“实力派”长久。

没有人能说清楚大事件造就的城市危险和隐患对于未来的破坏力，除非我们穿越时空，进入 30 年或是 50 年之后的城市生活。

希望那时城市绯闻不要变成城市流言：“嘘——城市出大事了！”

这是收在本书中最早也是最青涩的一篇文章，是那刚做项目主持人时候的很多不成熟想法，也许这都是青年建筑师的必由之路与必经状态。

有关交流

二零零一年四月

在大学读建筑的时候，自己的思想很亢奋，总以为建筑是建筑师思想的结果。而这种想法一直保持到工作后的许多年，一直到这几年开始主持项目，和业主、工地有了“亲密”接触，想法才发生了转变。认为建筑不是建筑师思想的结果，而是建筑师思想与各方面交流的结果，简单地说建筑就是一种交流。这句话和我刚进院时听到的“建筑是妥协的结果”很类似，但显然前者是积极的，而后者更像是自我安慰。

建筑师交流的对象涵盖得很广，包括业主、施工方、材料供应商和我们自身的设计团队。从方案到施工图，建筑师对外要和业主交流，对内要和整个设计团队交流，项目实施阶段要和施工方和材料供应商交流。几乎每个方面都很重要，重中之重的当属方案阶段对于业主的交流，它有挑战性又有难度，并决定着最终建筑的结果。

说到交流之重，我们日常的工作量就是一个佐证：一个三十天为周期的方案，头五天收集资料、分析场地和功能，这是一个学习的过程。再有十天是分析问题、解决问题的思想阶段，包括画草图、做工作模型，这是建筑的创作过程。再后五天上机设计成图，将思想凝固于图纸之上。最后十天画效果图、做模型、排版订装文件。也就是说在后十五天，虽然我们可以深化和反馈设计思想，但工作已基本不再是创作和思想，而仅仅是形成一种媒介以便和业主交流。这种媒介现在可以是模型、效果图和图纸，几十年以后也许会是别的什么。最后的表现模型和效果图与建筑的最终品质无关，它仅仅是与业主交流的手段，图纸、模型做好了，自然会与业主有更好的交流。这样想起来忽然觉得很可怕，因为原本的建筑思想和精神已退居了后台，建筑的投标也仅仅是模型和效果图的“秀”场。有秀，就会有假、有做作，各种精湛的效果图、模型技法，会带给建筑以光彩，也会隐藏建筑的问题，它蒙骗了业主，有时也骗了建筑师自己。这一切是由交流的畸形而引发的问题。

举这样的例子，不想分析在建筑设计中表现、表象和设计质量本身的关系（有时间确实想写写这方面的文字），这样地划分一个方案的工作周期，也并不一定具有典型性，但却足以清楚地说明：我们从事的工作，哪些是真正的思想、设计方面的工作，哪些工作是为交流服务的。更广义地讲，施工图设计不仅是建筑师思想深化、细化的结果，同时更大程度是服务于交流的，是设计者对施工方交流的媒介。

既然建筑师每天从事的事情多半是为交流服务的，所以建筑师不但不可以回避交流，更应该主动积极地交流。好的建筑师一定是在交流中具有敏锐性、策略性，有时甚至有点“狡猾”。

前不久接手沈阳百利保广场的方案，从开始就以一种更为策略的模式与业主沟通，形成了很好的交流关系，建筑师也由此得到了应有的尊重。不敢称是经验，算是经历吧，总结出三条：

第一，明确最重要的信息，和决策人对话交流，统一思想。方案开始时，听到许多来自业主方不同人不同的声音，有的甚至是矛盾的，有的说商业与公寓要在地段上分开设置，有的说要合在一起，有的说要以公寓为主，有的说要以商业为主。一时间搞得自己无所适从，于是干脆放下具体的设计工作，拿出一段时间做了一些分析图、工作模型，最终得出这样的结论：基于现有的场地环境，以商业为主合并设置、竖向分开更为有利。于是经过精心准备后，约业主的决策人把我们的意见当面谈透。渗入业主的认识和思想，使方案在以后的工作中不至于有大的翻盘和反复。我们的工作也由此赢得了业主的肯定和信赖，设计合同正是在这个阶段中签署的。

第二，用分析的方法，紧扣业主自身的利益，阐明自己的思想是解决问题的结果。记得刚学建筑的时候，认为风格、手法是高深的东西，是形而上的东西，直到这几年才慢慢明白这些在建筑设计中是最表面的、最形而下的东西，它们仅仅是艺术思潮、社会评判标准、生活行为方式以及技术能力的综合表现。也许风格、手法在我自己的设计项目中会有所好恶，但评价一个建筑时应该更为宽容，因为具体的风格、手法对建筑的价值评判几乎不起作用。我们更愿意将建筑设计建立在一种分析的基础上，分析问题、解决问题的结果往往就是设计的成果。比如在方案的环境分析中，发现由于历史的原因，场地两侧的建筑距离街道过近，新设计的商厦需要后退一段距离，以保证商业出入口人流与街道人流不发生冲突，但是退后将导致人在街道两头看不到商厦的存在。于是解决的办法是将南侧的墙向街道倾斜，使商厦在街道中露出头来，这样还可以有效调整广告在高处给人造成的视差变形。

第三，肯定业主的建议，为我所用，形成互动。平庸、程式化的建筑设计不仅仅是因为思想的不深入，而更重要的是因为我们在不经意间放弃了项目中的特殊因素，而这些因素却大多是业主提供给建筑师的。业主在这个项目中要求沿街面开放些，最好能形成内部空间与街道的互动，85m×38m 的沿街楼面上尽量多安排广告，大小板块都要有，以适应市场需求。于是我们做了一片媒体广告墙，在墙上按照内部共享空间的形态开一个大洞，并将动态的观光电梯暴露在街道上，完全满足业主的要求和愿望。业主要求公寓做分体空调，要遮盖散热器，将冷凝水统一由导管引流走，由此我们创造出了图案极强的建筑立面。后来我对业主说，这图案源自中国古代大篆体的“寿”字和佛经中的吉祥图案，其实是瞎扯，只不过是与业主交流的策略而已。其实建筑师学会了狡猾，建筑师自己的想法就会实现得多一些，有时候肯定业主也是在肯定自己。

某日，将以上三条经历讲给朋友听，朋友听后沉默片刻说：“你这是和我交流啊，整个是在作报告，太学术了！告诉你刚才啰哩八嗦那些话应概括为：与业主交流的三大基本原则是：一、开始密切联系领导；二、然后理论联系实惠；三、最后表扬与自我表扬。”听后，我呆了，然后笑了。话是有点糙，也太调侃了，但却很概括。不经意间还点出了我的毛病——啰唆，要知道啰唆是交流中的大忌啊！

为了更有力地说明自己的设计立场，在建筑设计说明中特意写了一段文字，摘录如下：

……接手项目的这段日子里，我们一直在问自己：

这个由资讯和传媒统治的时代里，什么才是真正高品质的商业建筑？

……仅仅有大片的玻璃幕墙和灯火照耀的广告牌子构成的商厦曾经辉煌一时，赚足了钞票。但随着这样一栋栋商厦的没落，宣告了“拷贝、跟风”的商业时代的结束，发财仅凭紧跟潮流的日子一去不复返了。

现在是一个由年轻人引领消费时尚的商业时代，他们扮“酷”、玩“炫”，而商业建筑就是一部资讯的传播机器，就是一个追逐时尚的人群聚合地。他们在这里体验时尚的快乐、发现潮流趋势，他们厌恶媚俗和平庸的环境，即使这里的商品多么高贵。因为他们更喜欢超前和个性的东西。这个时代和以往的不同，“原创性”和被少数人认同的“前卫性”具有异乎寻常的商业价值，因为“原创”和“前卫”永远是这个时代媒体关注的焦点，媒体的竞相追逐使它们不用广告费就可以轻松占领各个媒体的版面。

从这个意义上，我更愿意这个项目成为一个前卫感很强的项目。极度的视觉冲击力，张显外露的性格，梦境般迷幻的商业气氛，都将成为项目建成后人们议论的焦点。其实议论是人们最好的关注和传媒方式，更说明这样的建筑是不同凡响的。我希望这个项目不仅局限在商业零售的范围，从地理区位的角度上讲，它更应成为这个地区的招牌、沈阳的招牌，甚至是外地客必访的景点。

“商业建筑”作为偏正词组成为我们的设计目的也许不够准确，因为我们的工作更像一个动宾词组——“建筑商业”。

在成功与糟糕的对比中，还让人发现一个隐含着的可怕事实——做成功的建筑师和做成功的建筑其实是两回事。抑或这不是什么人生最大的悲哀，但却从此让我在建筑的理想前勇气顿失。

表演很成功，影响很糟糕

二零零五年十月

媒体厉害，一夜之间，让“绿色、环保、节能”的口号深入人心，无论是古稀老人还是三岁顽童，说起这类话题都能跟你侃上几句。

这本来是挺好的事，就是因为社会上所有的人那么热衷地拿环保、绿色说事，让我不得不产生了疑心和担忧：毕竟各类狂躁的风潮在中国已经不是第一次登陆了，虽然打鸡血之类的蠢事已不再可能发生，但对于“绿色、环保、节能”这样一个大而又大的跨行业和领域科研课题，不是简单一场民众运动所能解决的，媒体可以让口号一夜之间深入人心，却无法解决内在的技术问题和外在的作为实绩。扪心自问：在这场“绿色、环保、节能”的运动中我们有多少理性的东西可寻呢？

我认识的某摩登女士，在去年就已经舍弃了多年用一次性纸巾的习惯，改用手绢了。她很得意地告诉我这样节约资源，更环保。一时间我把她视为环保偶像，并宣传给朋友，直到有一天她的老公对我抱怨道：“她一年光手帕就买了好几打（各类时装衣服就更甭提了），回家后要洗一大堆手绢，出门前还要熨好三四条带着。”我当然计算不出使用手帕具体要消耗多少社会资源，但我敢打赌，不算手帕或棉或丝的原料，不算织染生产过程的资源消耗和工业污染，就凭每天水洗电熨，资源的消耗要远远高于使用一次性纸巾。其实对于她这样高度占有社会资源的人，节制就意味着环保，不用改变自己的生活方式，更不用作秀，让自己衣橱膨胀的速度变慢就是对社会环境资源的最大贡献。

前几天，一个做汽车的朋友，得意地给我看他们公司给客户的贺卡，一个用几层旧报纸加工折制而成的贺卡，确实很有艺术性，塑封做得也精美。他告诉我：“用旧报纸做贺卡为的是体现公司的环保意识。”此时我发现，这位平时不善言辞的朋友用了极其恰当而精彩的两个词，一个是“体现”，一个是“意识”，有了这两个词，基本上就可以断定这件事情与环保本身没什么关系了。公司平时订的报纸每天一大摞，看都没人看，第二天就扔掉，再换上新的一摞，更不用说复印机旁一大堆印废掉而丢弃的白纸了，用报纸做贺卡还真就只能是体现意识了。这不得不让我联想起靠非法途径一夜暴富的人，在街头施舍给了乞丐几块钱后，就可以心安理得地继续干他的不法勾当了。

在中国近现代的历史上，很多人已经习惯于在各类运动和风潮中作秀了，作秀式地参与活动也是现代生活的一部分，对此我也丝毫没有指责的意思，但是如果事情本身是严肃而不是娱乐的，作秀不是在私生活中而是在公众的媒体上的，影响就是负面的，时间长了社会的公信度将下降，公共道德准则将会丧失。

话听起来有点儿可怕，可是文字要写回建筑就更可怕了：这些年建筑界对于社会上的风潮历来都很敏感，更何况这样一个热门话题。短短几年，一大批建筑师搭乘这趟班车，成为绿色、节能、环保建筑的专家。他们有作品有论文，出现在大大小小的论坛、展览上，拿着不知道应算是什么级别的奖项。有的甚至在社会媒体上抛头露面，开始教导芸芸众生了。一时间，“地源热泵、雨水回用、太阳能、风能利用、零能耗、零排放、节能幕墙、再生利用、资源循环、能量循环”名词和概念满天飞，可是当你详细地问及能量、资源的节约的详细技术问题时，他们要么是所答非所问，要么是干脆回答我们是建筑师，详细的技术问题有更专业的技术人员处理。当你以一个建筑师的角度，谈到空间利用率、平面使用效率、形式的逻辑等问题，他们又会闪烁其词或是避而不答，转而以一个环保、节能技术专家的身份和你说环保技术的利用，谈这些技术在社会上运用的意义。总之，你和他的对话，你会感觉犹如一场捉迷藏的游戏，而不是扎实的技术问题的交流。

前不久，有幸和一位在建筑节能方面颇有些名气的建筑师聊天，说到他的一个节能示范项目，我很有兴趣。他向我展示了一组关于节能的很有说服力的数据，让我也学到了不少极为有用的知识。整个谈话都是围绕着房子的节能进行的，最后他说这个房子是一个“绿色环保”的建筑，我以为是他的口误，忙给他更正。他却很不高兴地说：“节能的房子难道不是绿色环保吗？”一句话让我大吃一惊，跌破了眼镜。节能、环保本是不同的概念和定义，怎么能搞到一起呢？节能是指：建筑全过程（从建设筹划、建设、维持到建筑拆毁全过程）能量及相关能量链的相对减少，它的根本是不可再生能源、资源消耗的减少。建筑环保是指建筑全过程对社会环境及自然环境相对小的影响，它的根本在于自然资源可恢复性和可再生性地利用。

先说节能，建筑的能量消耗分为：建筑物的建设（包含拆毁）能量和维持能量消耗，两者都是由直接性消耗和间接性消耗两部分组成。我们大部分建筑师所研究的只是建筑维持能量的直接消耗部分，比如建筑总制冷量、总供热量、总耗电量等。而另一部分间接性消耗却很少有人关注，比如设备运转消耗性材料的补充量、维修材料的使用量、所需管理人员的数量和质量。消耗性及维修材料的生产在社会链的各个环节中也消耗着能量，每一个管理人员都有着吃穿住行基本的消耗，不同素质的人员基本社会消耗也不一样。建筑的建设能耗在建筑总能耗中占有相当大的比重，而各种建材所包含的间接能量消耗更是重中之重。所有的这些能量消耗都应被计入建筑的总能耗。

因此建筑环保涵盖的范围更广，而建筑节能仅仅是它的一个环节。在环保的大系统中，每一个节点都相互制约、相互关联。双层玻璃幕墙有利于减少维持能量的直接性消耗，但会增加维持能量的间接性消耗和建设能量消耗。所有的事情我们都不能局部地看待，一味强调某一局部的最小化是幼稚的，我们需要在整体加强基础性的工作，建立整体的能量链消耗计算系统，在整体的能耗上寻找最佳的平衡点，而这一点我们的邻邦日本要领先得多。

环保比起节能的分析要复杂得多。环保更像是平衡，一种对于自然大系统的平衡。我们不能只建立在一个房间、一个房子、一群建筑的范围来分析是否环保，很多所谓环保房子是对大环境平衡的破坏。比如大面积推广雨水回用和过度抽取地热（且不说热水是否得到 100% 的回灌），都会使得地表生态环境和地质环发生改变，都是对自然平衡的破坏。

一种建材是否环保，也不能进行绝对的判断，比如木头、石头是环保的，塑料就是不环保的。同是取自天然的木材，过度砍伐和森林自然代谢，或是可恢复性砍伐，意义和性质将是完全不同的。

前不久我对石材加工厂的一次考察，让我对石头这一最古老的建材有了新的认识。石头因为是地壳构造的一部分而遍布地球表面，向来被认为是取之不尽的资源，不可再生性资源的列表里绝对没有它，因而只要无毒无害无放射性，石头在建筑中的使用一定是环保的。这样的狭隘观念在我的头脑中存在许多年，现在终于被彻底改变了。

石材行内的人告诉我的数据是这样的：买下一座山，山体上可用矿带只是一部分，或是极小的一部分，20% 以上的算是好矿了。采矿的普遍办法先是从山下的石材加工厂修一条简易公路通到山上，然后炸山暴露矿带，通过进一步爆破形成作业面，最后可供真正开采的仅仅是矿带的 30% ~ 40%。开采通过火焰切割机进行（烧柴油形成喷射火焰），切割下来的石块够得上荒料标准的，由大马力柴油卡车（多为进口）运下山，这样的荒料只占开采矿带的 1%~10%。荒料到了加工厂，要通过大砂锯的切割形成板材，砂锯片一般 2~3 厘米厚，板材也是 2~3 厘米厚，因此出材只是原有荒料的 50%。这些石板还要根据建筑师的分格做法进一步加工，加上运输和施工的损耗，铺在地上、挂在墙上的也就 60%~70%。

因此按照以上的数据，我们可以列成山体利用率的算式为：20%×40%×5%×50%×70%=0.14%。

对于一座利用率仅为 0.14% 的山体，开采过程中山体表面植被几乎是 100% 的全部破坏：炸山后遗留下的裸露岩床可达几平方公里，望去苍凉一片，碎石块、碎石渣漫山遍野，山体表面寸草不生。这些坚硬的岩石要经过几百年的风化和沉积泥土，才可能生长小型植被。而山下石材加工厂几乎成了粉尘加工中心，让方圆几里的植被得上了白化病（植物表面沉积着厚厚的白色石粉）。在石材厂门前厚厚的石粉几乎没过了鞋子，环境破坏的程度触目惊心、不忍目睹，现在回忆起来，内心仍旧战栗。虽然我不是物理学的专家，但还是知道上山开路，开采烧油，加工用电，一块石板要消耗很多的能量，可是这些却从没有人计算过，更没有出现在节能考虑的范畴。

花那么多笔墨说一件石头的事情，并不是想说明石头本身是否环保，只是想证明环保和节能是一件复杂和系统的事情，而我们对于节能的认识还很肤浅，我们还没有建立起一套系统化的有关建筑材料能耗及其相关能耗链条的量化标准，与整个社会发展相关联的大环保概念更是无从谈起。在这样的背景下，一些不甘寂寞的建筑师开始出来作秀，扛着环保、节能大旗进行表演，扰乱着公众的视听。谢幕时他们收获了无数鲜花和掌声，却留给了社会一些不能节能的节能房子，不是环保的环保建筑。

他们的表演很成功，他们的影响很糟糕。在成功与糟糕的对比中，还让人发现一个隐含着的可怕事实——做成功的建筑师和做成功的建筑其实是两回事。抑或这不是什么人生最大的悲哀，但却从此让我在建筑的理想前勇气顿失。

对于像我一样年轻的建筑师，最糟糕的影响，莫过于此。

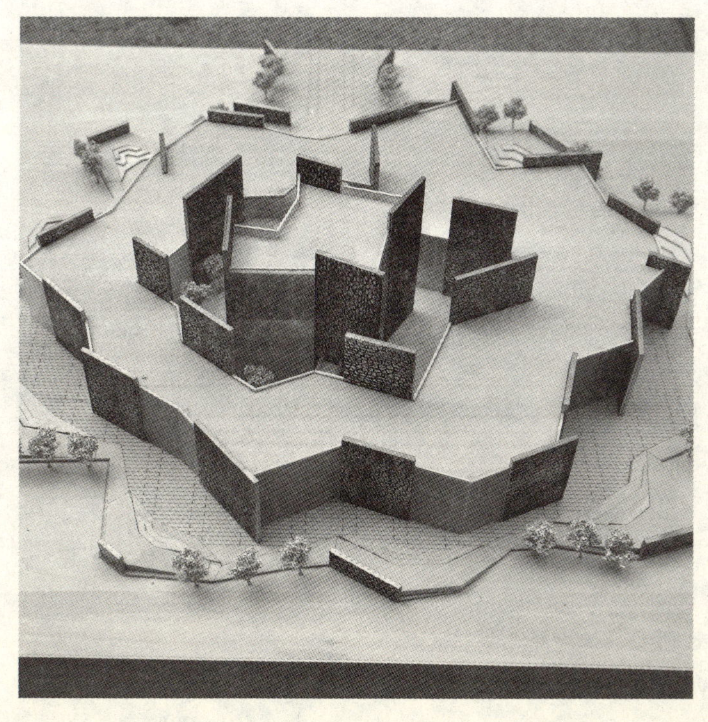

建筑摆脱不了文字游戏的纠缠，也许就是自身的宿命。

低级游戏

二零零二年八月

电视剧《铁齿铜牙纪晓岚》里有这样一个段子：纪晓岚看见皇上来了，就煞有介事地与属下争执，向皇上问道："您说是沙河深呢？还是清河深呢？"皇上二话没说就答："当然是沙河深了。"纪晓岚回过身来对和珅说："听见了吗，皇上可说了，沙河深（杀和珅）。"还用手做刀状在他脖子上比了比。

这当然是戏里的游戏，一个纯粹的文字游戏。中国汉字不光有一音多字，更有一字多音多义，形声并举，会意其间：过年要吃鱼，期望年年有余；倒贴“福”字，摔盘摔碗，期望福到家中，岁岁平安；古时候动土木，房基里常常要放砚台，图个严严实实。“鱼”和“余”，“倒”和“到”，“碎”和“岁”，“砚”和“严”本没有什么关系，只不过我们老祖宗在造字和以后的使用中把它们搞成了同音，心灵总要有个寄托，由此造就了文字的游戏。

有一副对联是“海水朝朝朝朝朝朝朝落，白云长长长长长长长消。”世人一直不知所云，后来郭沫若点破了，这是多音会意联，意为“海水潮，朝朝潮，朝潮朝落；白云涨，常常涨，常涨常消”。对仗严格，意境磅礴。祖宗造字，当时恐未意识到会被后人演绎得如此精妙！

方块字里隐藏着如此多的游戏，看看每个人手机中存储的那些贫嘴短信，多半都是绞尽脑汁编排出的文字游戏。清雍正帝时，一句“清风不识字，何故乱翻书”，或是“明月几时有，把酒问青天”，也许就会招来反清复明的罪名而被拉出去杀头。人的思想犹如洪水，“禁”和“堵”只能加速洪水在旁枝侧道上的奔流，写文章不能直抒胸臆，一不留神撞上文字狱，落个身首异处，只能拐弯抹角地跟文字较劲了，而这一较劲就是几千年，居然成了传统。

中国的文字历史久远、博大精深，文字所造就的历史环境，也深深地影响着思维方式，中国人在纯粹文字世界里扩展了无穷的想象力，但也因此束缚了自己，让事物走到了反面：我爷爷、奶奶那辈人认为，小孩子是不能吃鸡爪子的，害怕小孩子将来写字像鸡刨；也不能吃鱼籽，害怕将来不识数。现代社会中此类的事情也很多，各行各业，五花八门：许多职业围棋选手，忌讳在赛前去书店，也怕别人送书，因为残酷的职业赛事让他们没有勇气面对“输”字；船上的渔夫和艄公，总是吃鱼，却从不敢翻身，“翻”字在他们心中无法承受。有些人把它们称为文化，我虽不能接受，但文化也好，传统也罢，终归无伤大雅。然而，据说前一段时间很多公司拒绝招收“黄”姓和“裴”姓的员工，原因不言自明，如果说这也算作传统文化，恐怕只能是文化基因里的缺陷了，抑或我们的文化太敏感、太脆弱、太缺乏自信？

前几天看到朋友身上佩戴着据称开过光的玉坠，其型为兽驮葫芦，问起才知道，原来是取谐音“福、禄、寿”。心中很是不解：难道佛学也玩文字游戏吗？回去查了查一些佛学方面的典章资料，并没找到，倒是道教中有相关的内容，认为葫芦是祈福长寿的祥物。文字游戏给人的心理暗示，为迷信铺垫了道路，日渐盛行，一时间无法验证的各类玄学纷纷涌现，风水成为一种普遍的社会文化倾向，个别书店里甚至出现了风水书籍的销售专柜，很多项目动土和封顶的时间，一定要请大师用罗盘测算。普遍地讲，建筑师的话语权远不及风水师，建筑大师的地位也远不及风水、玄学大师，这实在是国家和民族的悲哀。

始于隋，止于清，有1300年传统的封建科举制度，用写文章来选择官吏，在上千年的岁月中引无数才俊竞折腰。科考的一篇好文章可以使人一步登天，福及族人，甚至荫及鸡犬。古时受万人敬仰的大家，都是舞文弄墨的文字游戏高手，华词丽句传世甚多，靠一两句诗词成名的也不是少数，“万般皆下品，唯有读书高”，其实说的不是读书，而是要写得一手好文章，能做精彩的文字游戏。而像研究算学、天文、机械等真正推动社会生产力的学问，均被视为不能登大雅之堂的雕虫小技，《天工开物》这样一部古代科技含量最高的典籍未收录到《四库全书》中就是一个佐证。直到 1840 年，熟读四书五经、精于修身养性的官员们才终于发现自己的国家打不过船坚炮利的洋夷，文字组成的也不再是抒怀咏志的华词丽句，而是丧权辱国的条约。汉字，此时做了一次最富悲情的游戏。

现代官场盛行的崇书尚画、充文弄雅的风气，让人隐隐感到封建官场留存的迂腐气息。满嘴的华词丽句遮盖了思想的匮乏，结果事情常常变得这样——当一个人告诉你“建筑是凝固的音乐”时，大多数情况下他既不懂建筑也不懂音乐。汉字特有的复杂性助长着文字的娱乐，文字游戏常玩常新，在带给人精神愉悦的同时，也会成为陈词滥调的遮羞布。它有时像酒、像毒，麻醉着社会的神经，使社会沉迷于诗词歌赋的文字娱乐和抒情中，钝化了思想的尖锐性，丧失了对于事物本体判断的敏锐度和思维的创造力。

文字游戏的情结已经随着中华文明深入了国人的骨髓。很长一段的时间里，我一直怀疑：文字游戏和娱乐发展到现在是否已成为社会发展的消极因素？至少在建筑上,直到现在人们仍爱用文字游戏来演绎和恶损建筑：国家大剧院是“水煎蛋”，公安部新办公楼因为没有顶子被叫做“无法无天”，北京市法院因为西面的沿街面是无窗的大片实墙而被冠名“暗箱操作”；我自己设计的某检察院新办公楼倒是有了一个出挑的大顶子，逃过了“无法无天”的恶名，却被叫做“一手遮天”，总之无论是有顶还是没顶,终是逃不过这一劫的。幸好前几天有人告诉我大楼像是在“鞠躬致敬”，让我心中舒坦了许多。我想那应该是向环境和民众表达的尊重吧：国家机关盖楼全靠国家拨款，都是纳税人的钱，用新的审美观体现效率和谦逊地融入城市才是它的根本价值。英雄主义式的庄严和雄伟其实只是另一种奢华，是官本位的体现，是对纳税人的蔑视。

很奇怪，整个社会不知从何时起习惯把“理念”挂在嘴边，在建筑的方案评选中更是如此，无论是内行、外行总爱问方案的理念是什么，尤其是业主最喜欢向建筑师讨个说法。其实关心的都是一回事，不是在问方案的道理是什么，而是在关心方案的文字游戏是怎么做的：它是什么？它象征的是什么？是天人合一还是天圆地方？是以人为本还是回归自然？是契合文脉还是遵循历史？是像某个字或字母还是凑成了什么数字？这些专业人士公认的陈词滥调有时还真能忽悠了业主，至于真正支配建筑的空间逻辑、材料构成、技术效率，他们并不关心。建筑学专业混个本科毕业也要读上五年，让非专业人士在三两句话之内完全领悟空间、材料和效率确也勉为其难。业主及官员一贯的强势话语权，让他们蔑视建筑根本价值的存在，使“不懂”蜕变成了“愚昧”与“专权”，关于理念的文字游戏甚至成为评判方案的主要依据，成为投标中左右胜负的关键。正因为如此，很多建筑师们被逼上了梁山，懂的，不懂的，挨边的，不挨边的，谈理念演绎成不着边际的爆侃，反正汉语本身就有不确定性和模糊性。我自己作为评委参加过几次评标会，发现原本纯粹的建筑竞赛变成了非建筑手段的竞技，方案理念上词汇的丰富和建筑语言的匮乏形成强烈对比，简单易读和不突破固有框架的方案，通过丰富华美的语言包装，反而更容易被业主接受。

然而文字语言终归代替不了建筑本体的语言，中国建筑正在披着华丽的词句，走向庸俗浅薄。

我一向坚信建筑本体的价值观，可是建筑方案最终要用文字语言和业主沟通，建筑师很难在自己的语境中把价值观传递给业主，更不用说满足业主对于理念解答的预期了。与其眼睁睁地看着业主被其他低俗的方案所迷惑，不如自己主动出击，占领阵地！于是，我们在方案阶段的工作流程最后加入了一道程序——课后语文作业。何谓“课后语文作业”？很简单，做完了建筑本身的功课，方案后期在业主语境中用文字语言包装方案，和业主做一场文字的游戏。此时建筑设计已经完成，语文作业不再影响建筑本身的好坏，目的就是给业主说事儿，俗称“忽悠”。

某检察机关办公楼的室内，业主想把大厅主墙面做成大型浮雕，我们极力反对这种20世纪80年代的做法，提出用一组石板和水面错落交织而成的墙面，可是语文作业怎么做呢？苦思之后，叫它“水落石出”，正好和司法机关办案目标契合。果然汇报方案一次通过，现在想起来有些后怕：要是当初语文作业没有做好，室内一定会装上堵心的浮雕了！我们还曾经做过一组小型办公楼，经过分析最后采用一层架空的方式，在视觉上形成飘浮的效果。业主意见是怕销售不好，怕被说成不脚踏实地。我们要坚持自己的价值判断，就要给业主打气，就要做好语文作业，经过冥思苦想，我们告诉业主，这叫“飞黄腾达”，是腾飞的象征，方案由此得以起死回生。中国的语言丰富，好和坏可以是同一件事情，你可以说祸不单行，我可以说好事成双；你可以认为房子像棺材不好，我会告诉你住进去就会升官发财。类似的事情我在设计中遇到很多，常常觉得自己的脑子不够使，悔恨小时候没有学好语文。没办法，要坚持自己就要沟通，要沟通就要把文字游戏玩下去！虽然自己并不想玩。

几个月前，我参观了荷兰乌得勒支大学的图书馆。从那栋黑色的房子出来，我被它的空间和材料震撼得几乎失语，同行的朋友和我都很久没有说话，沉浸在不可名状的体验和感动中。一切美妙的语言在此时都是苍白和低俗的，你会发现，只有体验空间和材料，才能让建筑具有真正诱人的魅力。

表面上的文字有时可以玩得很热闹，可是这些与建筑本身无关。一旦文字上的娱乐代替了空间和材料，再高级的文字也只能在建筑上做着最低级的游戏。

建筑摆脱不了文字游戏的纠缠，也许就是自身的宿命。

此文，并非试图全面剖析我国现有设计行业招投标体系，更没有兴趣去枚举种种暗箱操作在幕后台前的肮脏交易，仅想从几个角度揭示其体系和制度上存在的某些消极性。我想，即便结论是一种武断，但关注掩藏在背后的一些问题的本身，对我国未来建筑设计行业的发展依旧是具有积极意义的。

中国式招投标

二零零七年二月

引子

要想准确地定义当代中国的建筑设计招投标的状态已经变得相当的困难：一方面，中国建筑业设计市场在发育日趋完备而愈发显示其自身行业特征的情况下，很长时间并未产生专业性的法规，直到 1999 年才发布了《中华人民共和国招标投标法》，2003 年发布了《工程建设项目勘察设计招标投标办法》。（2003 年 6 月 12 日由国家发展改革委等八部委联合发布）；另一方面，中国正处于一个高速发展而产生的激变的时代，社会主义制度下的国有资本监管和国际化及民间资本操作体系并行，行为主体人的价值评价标准正在从倾覆后走向极度异化，即便参照西方主流商业模式和既有的建筑市场法则相继出台，仍未做到亡羊补牢。中国式招投标制度下依旧大量产生艺术形态庸俗、低劣、无公共质量的设计作品，如此的结果让人不得不对招投标及相关法规的适应性、专业性及有效性产生诸多质疑，至少我们有充分的理由可以断定其具有潜在的不完善性。

20世纪90年代初，中国原有的计划经济土崩瓦解，市场经济在资本的作用下开始制定新的游戏规则，建筑设计实行招投标制度正是逢时而生，其积极作用几乎毋庸置疑。全国各大设计单位从事业架构向经营型企业转变中它起到了极大的催化作用，在设计单位兴亡命系成王败寇的建筑投标的博弈时，建筑学也在中国大地上以一种前所未有的姿态显示出其在建筑设计领域中的龙头地位。建筑学人才一时间炙手可热，建筑方案招标（实为方案竞赛或比选）恰巧出现在中国建筑界由封闭走向全面了解世界的20世纪90年代初，在这个年代，中青年建筑师一方面得益于由于历史原因形成的人才集体性的缺失，另一方面得益于自身知识结构还未固化，他们在各设计单位迅速崛起，迅速成为建筑设计企业在市场上竞争的根本。然而建筑师和建筑学表象的升温，掩盖不了中国建筑学理论界长期封闭造成的缺氧症，资本构建的市场规则中，它在无所适从的状态中蜕变成以中标论英雄的投标建筑学，建筑学特有的社会责任性和批判性在揣摩领导意图和赢得评委眼球的竞赛中丧失了，奇观建筑、比喻建筑、英雄主义建筑席卷了中国大地。作为快速成长起来的中国的建筑师群体迅速成了房地产商和官员们低俗情趣的代言人，他们犹如丧失精神家园的思想懒汉，其作品毫无掩饰地流露着混乱、躁动等上火症状（上火在病理学中解释为因代谢过快而导致的内分泌失调，形容今天的建筑师，恰如其分）。

这出表面上看似由资本市场导演的悲剧，很容易让人忽略对国家现有招投标体制是否具有先进性的判断。此文并非试图全面剖析我国现有设计行业招投标体系，更没有兴趣去枚举种种暗箱操作在幕后台前的肮脏交易，仅想从几个角度揭示其体系和制度上存在的某些消极性。我想，即便结论是一种武断，但关注掩藏在背后的一些问题的本身，对我国未来建筑设计行业的发展依旧是具有积极意义的。

非对称话语权滋养下的招标霸权语境

翻开近期参与投标（也有改名换姓的叫做方案比选）的标书，无论标的费是几万元还是几十万元人民币，所有的标书都写着几乎同样或者诸如此类的文字，摘录如下：

"……招标单位有权在本项目建设中选用任何一个优秀方案，或采用任何优秀方案的部分用于实施方案中，而无须再向参选单位支付任何费用。"

"……在招标单位支付给投标方规定的费用后，本次参加投标的各方案成果及相应的知识产权完全归建设方（招标方）所有……"

"……商务报价（即设计费）和方案评选结果综合确定中标单位……"

相近的文字很多，出现在表象上的文字结果反映着现有设计市场权利向甲方市场倾斜的状态，市场交易双方不对等的地位导致了交换条件由权力方制定的霸权倾向，很多原本平等的设计交易演变成近乎公开勒索的黑市买卖。

建筑设计作为具有精神财富附加值的一种脑力劳动行为的结果，这一点始终被法律法规边缘化，在人们的传统思维框架中最多是一种非主流的艺术形式。由于历史的原因，中国古代建筑设计从来都是缺失建筑师的位置，只有工匠，这导致了近代中国建筑师的无父无母的尴尬境地。从事建筑学实践的建筑师队伍始终被列为工程勘察设计的工程师大军中，出类拔萃的具有高度人文气息的建筑师的最高荣誉就是“大师”了，其官方正确称谓是:第 × 届全国勘察设计大师评选中被授予的“工程设计大师”称号。工程大师与建筑大师的两字之差不仅抹杀了后者的艺术气质，更把作为建筑学核心中的人文视野从建筑设计中无情地剥离了。知识产权被相关的政策制定机构和别有用心的业主抽去了艺术文化筋骨只剩下空空的皮囊，其更甚一步的严重后果还在于它斩断了一条惟一保护建筑设计价值的法律链接——《中华人民共和国著作权法》第十八条中规定 :“美术等作品原件所有权的转移，不视为作品著作权的转移，但美术作品原件的展览权由原件所有人享有。”

设计收费标准本来有国家规定的标准，很多设计招投标过程中却又加上了设计费用的综合评价（有的还有加权评价的标准），使设计招投标质价混杂，野蛮地将商业规则中最基本的优质优价也践踏了，建筑设计作为一种脑力劳动成果，其设计服务对象建筑又具有多重意义和多向度评价标准，价值本来就不易度量，设计价格量化的参照反而成为一目了然的决定性因素。招标方强权姿态挤压设计费，很多人可以认为是资本合理操作的表达，我却并不认为这是资本针对建设项目操作的真正规律体现。设计费在很少的情况下，很难想象建筑师除了提交高质量的施工图以外，还将全力以赴地参与造价控制、质量监管、现场技术优化的工作。在建筑建设全过程中如果失去了建筑师的参与，建筑就将变成无父无母的孩童，身心正常已属奇迹，根本无法指望素质优良与品格高尚了。因而从某种意义上讲，多付出设计费是整个项目节约投资、形成良好资本运作的最好方法。

招投标对设计资源过度的消耗

主要通过方案竞赛而完成的设计招投标在近几年国内设计市场中表现出了一种矫枉过正的状态：不光建筑师们把个人职业生涯荣辱成败的“千钧”放在了方案投标的“一发”上，作为建设项目的主体的建设方也集体性地患上了投标依赖症，不惜时间和金钱进行多轮多家的方案比选，认为似乎只有这样才能寻找到最佳方案。崔愷先生在近期谈到：“……太多太滥的设计竞赛，耗费了太多的设计资源，也不一定产生好的作品。因为好的建筑不一定要有新奇的概念和夸张的外观，更重要的是建筑的品质，而这依赖于建筑师的职业素养和专业经验……”。[1]这段话我还可以解读为：过度的设计竞赛，使年轻建筑师忽略了设计、建造全过程的素质训练和经验积累，建筑师蜕变成概念设计师和造型师。而围绕方案竞赛所产生的大量的图文、模型制作的工作及几乎消耗掉了 1/3 甚至 1/2 以上方案设计周期，如此这般的无用功稀释掉了原本应细致展开的设计工作，这样的行为结果只有一个：效果图质量提升，完成建筑质量下降。

过度消耗的根本是方案招投标方式的矫枉过正，其最好表述莫过于表现图、模型公司和图文公司的火爆。仅北京一地，大小公司就上百家之多，诸如北京市建筑设计研究院和中国建筑设计研究院这样的大院周边密集程度就更高，让人很容易联想到大珊瑚礁和遍布它周边寄生的海洋生物群落。很多设计院一两年都拿不出一本建起来的作品集，表现图和模型公司却年年出集子。效果图和模型从原本设计的辅助手段逐渐登堂入室，成为设计的成果，设计院的宣传手册上越来越多的实景照片被效果图取代，其中味道很值得玩味。另一方面，方案竞赛演变成效果图和模型大赛后，原本从建设方流向设计院的设计费用源源不断地流向了效果图和模型公司。资本的分配也反映着设计资源的分配状态，得不到更多资本分配的建筑师怎么能把设计做好？业主是在买建筑设计还是在买建筑画片和模型？大多数业主肤浅地认为概念设计就是建筑设计中创造力的全部，好的概念设计只需经过程式化的细化设计（施工图设计）就可以演变成理想中的建筑，于是在时间和资金都极度匮乏的情况下，仍旧要通过多轮的方案征集寻找实施方案。

有关条文中规定：单项合同估算价在 50 万元人民币以上的，项目总投资额在 3000 万元人民币以上的均要进行设计招投标。某种意义上正是它把建筑师和业主推向了招投标的偏执状态。

专家评委身份的无奈

在《评标委员会和评标方法暂行规定》第九条规定："评标委员会由招标人或其委托的招标代理机构熟悉相关业务的代表，以及有关技术、经济等方面的专家组成，成员人数为五人以上单数，其中技术、经济等方面的专家不得少于成员总数的三分之二。"当然《规定》中还有许多条款，这常常使我们对招投标的公信度深信不疑，然而在房地产项目上资本和金钱过多地操纵下，评委的立场很难达到真正的独立性，即便在评审会上有了独立性的意见，也很难改变最终的结果，道理简单：开发商不仅为项目买单，也为评委的出场费买单。政府和公共事业投资的项目表面上是由独立的招投标单位进行运作，为评委买单，而实际他们也要靠着行政主管领导的权力为他们买单，行政主管领导的意志依旧渗透在招投标的全过程中。这样被甲方金钱和权力支配的评审委员会其立场的独立性自然要受到质疑，当然也有少数看不起这千把块评审费的评委，拿评审权寻租的事也时有发生。

中国的建设规模巨大，也造就了一批职业化评委。繁多的评审已基本上成为他们日常的工作，而评委的严重老龄化在每一个行业内都具有规律性。这一点西方却不同，大部分评委均来自一线作战的建筑师。其次，我们所处的时代是历史上前所未有的时代，用转型来定义中国建筑设计行业的现状已不恰当，环境压力、土地资源、商业价值、业态管理已成为建筑学的新的构成要素，视觉艺术领域的新思潮正通过不同渠道折射进建筑学领域，并借助时尚传媒形成新的社会价值。它颠覆着传统的审美标准，新的观念和价值几乎是建立在老龄评委工作年代价值观的批判上，建筑学固有的综合性和复杂性使其内核和外延远远超过了“实用、美观、经济、坚固”的范畴。很难想象用他们旧有的思想标杆来度量中青年建筑师现有的思想价值观，是否会产生令人满意的评审结果。

评委观念的滞后性是评标结果水平低下症结所在，在北京、上海、广州等大城市以外的地区性评标中尤显突出。同样的观念落差也反映在库哈斯、伊东丰雄、赫尔佐格、安藤忠雄等当红国际建筑明星在上海、北京等重要地段的评标上，他们常常抱怨他们的落标是由于缺少高水平的国际评委。我们绝对有理由怀疑这些话是他们为自己的失败所作的开脱，但我们也有更多的理由怀疑现有的评委会组成办法是否已成为招投体系中的瓶颈。

伪草根情节下的公平权泯灭

招投标制度最早产生于 1782 年的英国，主要是针对政府的采购行为。后来进入设计行业，目的是要打破大师和大事务所的垄断，塑造公平的竞争环境，为刚出道的年轻建筑师提供机会。颇有些像现今社会中的最时髦的海选行为，充满了草根情节，让所有初出茅庐的年轻建筑师都可以拥有一夜成名的幻想。

在这样一个背景下，质疑中国现有招投标制度的积极性，很容易让人觉得不怀好意，扣上孔孟之徒或是贵族化或是精英制度代言人的帽子。

我们姑且放下建筑设计行业到底是需要精英制度还是草根意识的话题不谈，只分析现有招投标制度是否可以使草根长成大树。

在我看来，中国式招投标制度具有很强的伪草根性。表面上看，每个建筑师个体可以通过不断地在一个个项目上的竞标成功达到事业上的成就乃至成为大师，然而前面的分析让我们发现，在投标的具体操作中建筑师毫无话语权可言，很像一排等着被强权业主挑选的“苦力”，为了中选甚至要揣摩业主的意图和评委的好恶，最终中选实施的方案其实也只是权力之下业主和评委个人判断标准的表达，即权贵意识的表达，哪里来的什么草根性。如果说建筑师通过投标实现的是自我的价值，大部分情况下其实也只是肉体上的，这种成就的肉身与思想价值和精神影响力无关！

在20世纪90年代以前没有投标，到处都是委托任务的时代，中国的建筑师还不会说话，现在会说话了，因为项目全是投标，却发现没有了话语权。历史给苦涩的中国建筑师幽了一默。

值得关注的还有评审委员给方案下的评语，看似理性的点评并有意回避感性化的言语，其实完全是经验意识下中庸的套话，和建筑的个性体验无关甚至成为它们的杀手。详细阅读一下境内外评委给方案下的不同方式的评语，并非是语境的不同，全然是评判价值的不同。当建筑价值观脱离了个性化的人的体验从而变成经验式的总结，建筑学就会变得很危险：要么成为以经验和“喜闻乐见”为标准的现象建筑学，要么成为教条的“形而下”式的清规戒律。

对于中国式招投标的投降与逃脱

面对日益强权化的中国式招投标，建筑师的思想弱势地位日益显著，设计任务的有限性和生存的必需性使越来越多的人选择了投降，即放弃自身的独立性思考，放下批判的立场，转而选择了迎合评委、迎合甲方的意图，而这种迎合还不仅是蓄意与权力方的趋同，有时更是患得患失心态滋养下的揣摩和献媚。

在大部分人用投降来换取生存的同时，也有极小一部分人选择了另外一种状态，逃脱。当然这种逃脱并不是所有建筑师都具有条件，张永和、王澍、刘家琨、张雷等一批号称试验建筑师的建筑师通过各种方式，对现有的中国式招投标制度形成了一次集体性的胜利大逃亡：他们的逃亡表现在他们的建筑实践并非通过常规意义上的中国式招投标而赢得设计权（即便是投标也只是法律意义上的投标）。他们的胜利表现在这些建筑已使他们在中国的建筑师群体中脱颖而出，形成了影响力，并为世界范围的建筑界所关注。我并不认同给予他们的“试验建筑师”的称谓，如果是试验也应该看作对现有招投标制度的一种试验，因为只有这样，他们才能在逃脱后以一种更自我的姿态来批判被中国式招投标锁住的所谓主流的设计。所谓创新哪里是源自什么继承？创新的原动力一定是来自于批判，来自对历史和现有行为惯性的批判！换言之，创新只是批判的一种结果而非目的。从另一角度讲，正是大量的由中国式招投标产生被抹杀了批判力的建筑存在，才使得“试验建筑师们”有了一战成名的必然性，这些逃离中国式招投标的建筑，轻松地回归了建筑原本的本性，却被业界匪夷所思地叫做“前卫建筑”。需要质疑的是这些建筑太“前”了，还是让招投标锁住的所谓主流的设计太“后”了？

一个有意思的现象是自从出了“试验建筑师”这么一批少数人，却吸走了大量的眼球，成为境内外媒体的骄子。但是，他们的建筑作品在市场中始终被边缘化，在重要地段，国家重要的投资项目，在公众中有影响力的房子几乎找不到他们的身影，原因是这些项目需要进行中国式的招投标。反过来，那些为国际建筑界所关注具有若干文化价值影响力的，并几乎全部拿走了非官方的重要奖项的项目，都是非中国式招投标的产物。我想这正是质疑中国式招投标积极性的最有力证据。

非结语的结语

在这个生活方式剧烈变异的时代，所有人都可以对既定的法则提出质疑，甚至可以怀疑建筑需不需要什么永恒。但在人类文明发展的历史上建筑学自始至终地拓展了自身的物质家园和精神疆界，它的全部内涵远比经济地盖起一座好用的结实房子以及单纯地拒绝常规、创造新的视觉要丰富得多，这不仅因为建筑学本身和建筑学所服务的生活是开放、积极的，还在于这多元文化和多重向度审美共存的世界中，建筑学作为一种文化行为，责无旁贷地要求中国自己的建筑师，使文明的光焰在每一代人的薪火相传中增长，塑造属于我们自身的文化价值观。

“创造力是立国之本”已绝非粗浅的政治口号。而现在，霸权语境下的中国式招投标正在扼杀着中国建筑界的创造力，这就是本篇不是结语的结语。

“前些日子有记者问法国总理，‘社会党总理，你觉得21世纪是中国人的世纪吗？’他说‘不是’，‘为什么？’‘因为他们没有什么价值观可以输出’。”

上面是《三联生活周刊》王朔访谈录中的一段，虽然一直找不到考证，但后来觉得也根本不需要考证，因为金钱确实托不住一个民族的尊严，我们现在也确实是没有什么价值观可以输出。

1.《香港建筑师奖评选随笔》设计与研究第九期

在投标中失败的三个方案

抽象点讲，点子是一种表述上明确、简单的策略；从根本上讲，还是可以算作一种策略，只是有时有点像脑筋急转弯，一点就破。事情一旦点破了，弯子转过来了，就显得不值钱了。个人经验、修为的差异，也使得点子经常具有唯一性，俗话说得好，“一人一个主意”。

点子

二零零九年八月

马未都先生在他的《百家讲坛》里讲过这样一件事：一个人有俩儿钱，托朋友让他在买古董的时候帮忙出出点子，淘点好货。马先生答应了，说帮你出点子可以，但不能白出，言下之意是出点子要付费的，那人也答应了。没想到买东西那天，马先生一直不让事主买，他认为那些货都是假的，不值一文。事主很不高兴，打心里面没想到帮他拿主意出点子，出的点子是“不买”，而这还是要买单的点子。总觉得上嘴唇碰一下嘴唇，也没费力，拿钱太容易了。结果事到临头，耍赖不给钱了。这人后来宁肯在市场上花几百万买个假的，知道后气得在家里把它摔碎在地上，也不愿意为马未都先生的点子花一分钱。

不知道现在他心里算没算过这笔账，马先生的点子到底该值多少钱？

点子既然值钱，甚至可以卖，却很少有人问点子到底是什么？

抽象点讲，点子是一种表述上明确、简单的策略；从根本上讲，还是可以算作一种策略，只是有时有点像脑筋急转弯，一点就破。事情一旦点破了，弯子转过来了，就显得不值钱了。个人经验、修为的差异，也使得点子经常具有唯一性，俗话说得好，“一人一个主意”。

这种表述上的简单使它容易被误读成为获取上的简易与轻易，所有人只看到了出点子过程的轻易，却看不到它是一个人的经历、经验和修为的辛苦。买点子不是买上嘴唇下嘴唇的说话方式，而是得到从其他地方得不到的策略，这和表达方式是否费劲没有关系。中国历史上一直是个人情社会，总是认为朋友之间出个点子，就是几句话的事，还要算钱，有点太那个，会被说成钱迷心窍、水进大脑的。所以在中国点子从来都是免费的，这也使我在心理上总被暗示：点子是不值钱的。

直到最近，两个偶然的机会让我有些改变，发现原来自己出的点子也可以值钱的，而且很容易算出价格。

今年四月的一天中午，我在办公楼边上的红妆佳丽发屋理发。刚坐定，陈姓的老板就过来招呼，并说起了发屋外部要重新装修。有人给她做了设计，用一种灰色墙砖，总觉得很贵，做下来要两三万，问我有没有效果好还便宜的面砖，能不能省些钱。我深知发屋从来都是几年需要重新装修一次的，用砖装修总是有点不合适，也有点不个性化。整个理发的过程一直都是我在思考的过程，如何用一些便宜的临时的材料构建立面，因为更临时的材料往往也更便宜一些，只要能经得起三四年的风吹雨打。我突然想起了前不久在建材市场（家里的热水管坏了）看到的长长的 PVC 水管，印象中很便宜只有四五块钱一根，足足有近四米长，喷成不同的颜色排列开，一定很时尚。头发理完了，我把主意告诉了老板。后来老板算了一下，确实便宜。两周以后，房子见了模样，样子还说得过去，虽然颜色没有按我们设计的色拼去做，顶部收头与设计图纸大相径庭，可只用去了几千块钱，这一点足够我得意了。

今年六月，再一次来到上海张江科技园，工作室设计的亚兰德研发基地虽然只是一期竣工，但整个项目的设计概念却已很好地表达出来。项目的老板是我的大学同学，他高兴地告诉我：这项目是整个园区造价上最低的，不算空调，每平方米建安费只有 1700 元，整个园区的建筑造价基本都在 4000~5000 元 / 平方米以上。可它看上去品质又是整个园区最好的，这不光是视觉的，宽大的无柱空间和核心筒的极限设计更是体现了商业操作上的用心，租金是全园区最贵的，低造价、高品质在这里成为一个统一体。回想起来，这所有的一切全归功于两年前这位老板采纳我的一个主意：简单。一切从结构和构造需要的合理性出发，最合理就是最美。忘掉造型和所谓的文化表达，让建筑回归建造，只要关注房子怎么造，房子的品质一定就最好。

点子值钱，我清楚，我的点子卖不了钱，这更清楚，因为连马未都先生的点子都没人付钱，轮到我自己就不奢望什么了。据说以前有脑子活络的，开过点子公司（不仅是在王朔的小说里），后来经营过程中，常被怀疑是骗子行骗，这更让我不敢提把点子变成现金了。倒是我工作室的年轻建筑师去红妆佳丽送图纸，陈姓老板送给他一张消费店卡，让我忽又觉得有些不好意思了，点子真能帮上朋友的忙，就有价值，钱虽然可以衡量价值，但在朋友的情谊里有些事儿是无价之宝，比钱要值钱，出好点子当算其中之一。

从建筑到家具，到饰品，到艺术品，国外建筑师积极投身其中，国内先锋派也屡有新作，但大部分建筑师，还因着大院的惯例或是项目的匆忙而鲜少介入。《北京青年报》的编辑赵晓笠一直在向大众介绍这些潮流前端设计，而这几年我也逐渐把目光从建筑本身投向它所涉及的全部。这是我与她的一次对话记录，是对国内建筑师尤其是大院建筑师状态的一种批判。

做事情，不是做建筑

二零零三年四月

赵晓笠（以下简称“赵”）：以前我采访建筑师，都是光聊建筑，去参观的都是还没到使用阶段的建筑。那个时候的建筑其实还没有生命，它可能从专业角度出发打动了业内人士，但还不能吸引普通人。

曹晓昕（以下简称“曹”）：建筑过于巨大，比较抽象，容易显得空洞。需要在其中加入家居产品，更容易唤醒人们对身边生活的情感。我的工作室在最近的包头市少年宫和图书馆项目里就做得比较细，从建筑一直到室内、家具，连标识系统的设计都做了。

赵：现在有许多知名国际建筑师都在设计小东西。一些家居品牌有很好的机制，比如意大利的 Alessi，请了很多明星建筑师和室内设计师合作设计日常生活用品，其中灌注了建筑的精神。我去参加 2008 年米兰家居展，感到米兰全城都在参展。家居博览会不像我们理解的只是做装修的人参加，而是吸引了包括建筑师和规划师在内的所有和设计相关的人士，甚至还有时尚人士。Armani 让安藤忠雄做了小剧场和 Armani Casa 的展厅，在这里，一个做时装设计的人和一个做建筑设计的人，能够惺惺相惜，在对美的感受上产生共鸣，进行充分的沟通。安藤的建筑和 Armani 的时装本身就具有共通性，展示空间非常打动人。

赵：为什么国内的建筑师不能从设计的开始，一直贯彻到最终室内的控制呢？如果是因为体制、习惯和经营需要的限制，也是可以理解的。但只要抓住机会，建筑师还是有可能实现这样的设计的。

曹：我们现在有一个问题——“打着专业的旗号，做的事情越来越不专业”。一个项目往往被切割成规划、建筑、室内、配饰、家具等专业的设计，貌似越来越专业，但设计之间没有关系，效果越来越差。设计不是一个科学体系，而大学教育是按照科学体系来设置的。设计带有很强的人文情结，完全分割为一个个领域，貌似很理性，但却违背了人的感受的特性，人从远处看到这个房子，到近前拿起这个杯子，这一系列的感受都应该是连续的。国外的教育体系和我们有所差异，有一些综合的设计系，工业设计、服装设计和建筑设计这几个专业的基础课可能是一样的，服装设计师和建筑师的基础理论相通，都关注着空间、构成等元素。所以很多人的工作都在跨界，有些人先做服装，后来做建筑，有些原来是建筑师，现在又转入时尚界，进行服饰，甚至首饰的设计。整个社会基础是不一样的。

我担心我们在朝一个错误的方向前进，追求专业化，可能是把一个原本连贯、有机的整体切割成不相干的若干份。

赵：我倒不认为“切割”是很危险的事儿，专业细分是对的，但是控制每个专业的人是需要跨界的。如果他不跨界，这些专业之间就没法衔接。所以需要在教育阶段预先提供这种背景，而到了工作时，还是应该进行细分，建筑是龙头专业，应该要求建筑师能够进行跨界的控制，室内设计师也很重要，此外还需要专业的室内灯光设计师、饰品设计师，甚至还有艺术品陈列顾问。最近我在成都看到一个项目，开发商是建筑出身，委托王戈进行设计，开发商的专业性体现在一开始的规划阶段就让规划师、建筑师、室内设计师、灯光设计师、配饰设计师参与进来。分专业本身并不危险，危险的是甲方没有在每个阶段都找到合适的人来完成设计。

曹：你强调的是要把这些环节都串联起来。我更关注的是中国现在一个很大的问题，串联的时候需要有一个共同的平台来对话。但现在的设计呈现出明显的差异，建筑圈子里有各种类型的建筑师，教育程度不同，关心的事情不同，基本价值观有所差异。这样的合作就很危险。需要业主有强烈的统一意识。

赵：把基地切割成很多块，让不同的人来设计，这不见得是坏事，但需要相同的语言平台，每个人的水准也比较接近，不能产生方向性的差异。即使是技术上很专业的人在一起，如果每个人对于专业追求和个人回报之间的需求不同，也可能造成设计结果的不同。有人不缺钱，就200%的投入，有人需要商业利益，不会为此损失过多精力，项目也成为设计者价值观差异的体现。

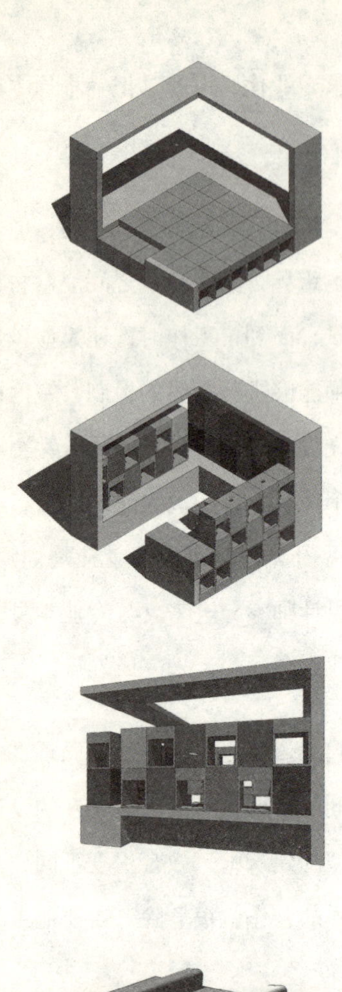

包头市图书馆、少年宫室内设计、家具设计

曹：我以前在中软昌平办公楼的项目中曾经出现过一次失控。当时外面做得还不错，但室内和景观都是其他人做的，我没有办法最终统一效果。从那以后，我觉得既然我们面对的现状是无法控制这些设计的，那还不如自己完成全部设计。这是我的初衷。但做完了包头市少年宫和图书馆以后，我又有了新的发现。在考虑过家具、门把手等很多细节以后，再回过头来看房子，我现在对于房子的感觉已经改变了。我在设计里会更多地考虑人的生活，也可以说是人的行为方式。我觉得和真正的设计接近了。人，这个关键，让所有的设计都联系上了。建筑师真的需要补上这一课。虽然我们现在也有机会控制室内或景观设计，但是通过自己投入设计得到的感觉还是不同的。做过这个项目，好像自己的功力也提高了一块。最近出国参观，我带回来的书有工业设计、家具设计，甚至纯艺术类的，没有一本是建筑设计的，这在以前是不可想象的。从城市设计、景观设计、建筑设计、室内设计、家具设计一直做到标识设计，我最后发现，其中的主脉是相通的，最终体现的是一种艺术精神。

赵：去年 5 月，我用了半个多月的时间横跨美国，看了很多房子。一起去的有个老建筑师，参观赖特所有的建筑是他的夙愿，我们就跟着他遍寻赖特的建筑。以前在书上看到流水别墅的图片就已经被深深打动了，但是真的身处其中，才会明白为什么流水别墅是他的巅峰之作。这种巅峰并非体现在工艺、细节或是技术层面，而是能够感受到他的气场还在那里。房子能够体现出许多精神层面的东西，因为他和别墅主人有深厚的友谊，也因为那时他正好 60 多岁，有着最成熟而旺盛的创作力。这座建筑为什么能打动人？还是因为它从外到内贯穿的设计。欣赏一个刚建成，没有生活痕迹的建筑，总会觉得有点冷，手脚总是暖和不过来。但在体验一个非常完整的建筑时，人会从指尖一直到身体完全被激活了，好像血在往上蹿。

曹：柯布西耶的萨伏伊别墅也是个很好的例子。在图上看只是觉得它很美，但是到了萨伏伊别墅里面，感觉就不同了。其实就是个小房子，我们通常用来形容建筑的词“雄伟”、“壮丽”都跟它完全联系不上，但到了里面，好像人的肾上腺激素水平就在不断提高。

赵：就是这种感觉。流水别墅里有一个细节。有个可以打开的窗，用来给别墅的主人凭窗欣赏美景，聆听水声。由于过去工艺所限，只能做平开窗，窗子打开产生一个弧形的轨迹，而赖特设计的窗前的桌子的形状就和这个弧形轨迹有了非常好的衔接。别墅里贯穿了很多人的生活。人的生活是什么样的，建筑就自然被做成那样。不是建筑师在图纸上幻想要什么形式，而是生活在里面的人就是要过这样的日子。人应该站在哪儿，坐在哪儿，在哪儿读书，有什么样的光线……都得到了考虑，让人每一部分的肢体都非常舒服。

曹：现在中国99%的建筑都是半成品，在半成品里还揉了好多砂子。建筑施工图完成的都是非常表面的设计，大部分建筑师把70%～80%的精力都花在设备综合这些纯技术工作上，而真正充满人文情怀的设计，处理生活的能力都没有体现。每个房子看起来都差不多。博物馆我们可能会设计得细致点，但最后的展陈总是不完善。有一个资深建筑师在向我介绍他做的商业建筑时，说：“这个房子现在已经挂上广告了，没法看了。”我当时很奇怪，你是在做一个商业建筑，要有商业生活，应该把广告考虑进去，广告也可以做得很精彩！现在很多大师都受邀为顶级品牌设计商铺，Louis Vuitton，Armani等，都做出了很漂亮的商业建筑。还是那句话，如果只专注于建筑一件事，说房子，想房子，做房子，反而是不专业的。建筑就是一个博大而广阔的领域，不能局限在房子、窗户、玻璃这么简单的事情。

赵：但建筑师有时也很无奈。像广告、招牌、灯箱这些还算好考虑的，但如果使用者在公共空间给你放几盆绿植，位置不合适，或是弄个俗陋的地毯，看着都很别扭。这就需要社会大众整体审美素质的提高，具有尊重建筑空间的心态。

曹：这方面我也有体会。以前做北京市检察院时已经考虑得很细了，在室内设计了摆花盆的花槽，但后来物业买的花多了，就随便放了几盆，很影响室内效果。人是很复杂的动物，行为也很复杂，但你只要想了，控制了，就比不做强。要达到完美的境界，需要所有的参与者——建筑师、物业、使用者都达到同样的水准，这样的要求就太严格了。

赵：为什么星级酒店通常会很讲究？这是整个管理团队控制的结果，从服务到摆件，都会武装到牙齿，不会让设计太走样。而很多政府建筑，甚至奥运建筑这样重要的项目，都还没有形成相对专业的管理团队。

曹：回到建筑设计上。以前我对那种静默而淡定的建筑，有点儿信心不足，现在做了一系列突破原来界限的设计，我发现建筑有时应该是内敛的，甚至作为背景出现，真正活色生香的是其中的生活。房子是生活的载体。从去年开始，我做的房子开始变淡了。

赵：室内设计的圈子里最近流行一个词——“素设计”，说的也是这个。我刚才就想说，建筑师在把建筑介绍给别人的时候，他心底的自信不是来自于建筑的形式、材料，而是他已经周到地考虑了在建筑中活动的人的行为，为他们提供了有独特精神的场所，能让进入其中的人产生化学反应。假如大家都在形式的层面，讨论这个房子好不好看，就算找到一个貌似好看的形式，也不能让设计者真正产生自信。自信应该来自建筑为使用的人制造了快乐。

曹：我不是说所有的建筑师都要来做室内设计，但对于我个人而言，在扎扎实实做了一次室内和家具的设计之后，我对建筑内部空间，甚至对于建筑设计这件事的认识都在发生变化。有些房子我以前一定会加点力量去处理，现在就把它“淡”掉了，因为我知道，“淡”掉了，后面设计的延续，还会呈现精彩纷呈的场面。建筑仅仅是人感受的一小部分。好的建筑师不一定要让人意识到建筑如何强烈，而是让人意识到他所营造的生活是感人的。原来我总认为建筑是高于一切的，当然建筑的空间是非常重要的，但现在对于某些界面的处理，我会做得更“淡”了。其前提是我能对后面的设计效果进行控制。

赵：当空间的氛围真能打动使用者时，他就会尊重这种效果。正是因为很多空间的设计没有太多的美感，没有形成真正意义的打动，才会促使他用其他的方式改造。在全球化的背景下，大众的眼界其实已经开阔了许多。很多建筑师也已经意识到要“武装到牙齿”,但功力未必到达那个层次。

曹：应该鼓励建筑师多去跨界。我现在参与一个文化中心的设计，我基本上是一个组织者，组织一些艺术家创作景观艺术品。建筑永远是个载体，可以为艺术品提供空间，但如果其中没有艺术品，没有东西，将会非常空洞，声嘶力竭。我更推崇做事情，而不是做建筑。设计不再是枯燥的，而能把方方面面都串联起来。

赵：当你具备了这种心态，恰恰能跟甲方更好地沟通。他不会觉得建筑师高高在上，无法参与。建筑不应该让甲方觉得有那么大的专业差距。其实就把它看成做事情，我觉得特别正确。

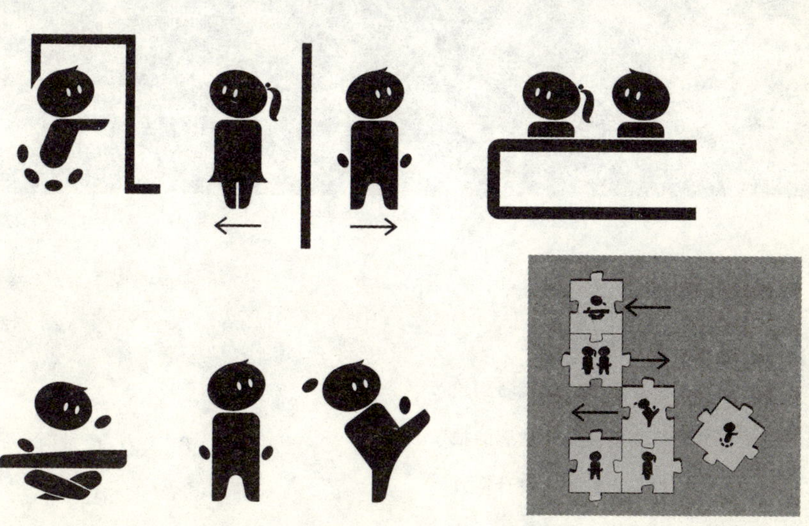

包头市少年宫标识设计

我也高兴，不仅是因为向老同学有了一个好的交代，更重要的是我看到建筑又回到了其最基本的属性，建筑的根本精神通过建构意义上的基本设计得以完成，而不是依靠金钱堆积的概念，这与社会上大量的设计竞标导致的效果图比赛形成了鲜明的对比。

节制设计

二零零八年十二月

2007 年 4 月一个平凡的工作日，我在办公室接进了一个再普通不过的工作电话，电话那边的老板希望委托我在上海张江科技园区里设计一组用于出租的研发楼，工程不算大，占地 2.7 万平方米，规模也不足 4 万平方米。

这个普通电话唯一有些特殊的是：电话那边的老板曾是我在一个球队里共同战斗的兄弟、大学中最要好的同学。就这样一个普通的项目对于我似乎又显得格外的与众不同：师出同门的两人成为设计合同的甲乙双方，对于建筑价值观的认识很容易取得统一；另一方面，我的这位业主老同学长期从事房地产市场策划营销，对于建筑师平时玩的那些花拳绣腿早已不为所动，这次以股东的身份给自己开发楼盘，用他的话讲，“这次的活儿是玩真的了”。

设计工作在北京有序地展开，与上海的热线却一直没有中断，“好用、好盖、省钱”几乎成为每一次通话的热点词汇，因而幕墙、高档饰材和繁复的施工控制工艺早已退出了这次的设计视野。“好看”一词从来没有出现在电话的讨论中，也许是好友对我的信任，也许是我们都有共同的信念：回答建筑基本性的清晰逻辑，以及好用、好盖、省钱的最佳建构方式，其本身就是美。这也使得我们的这次建筑实践从始至终都在回答建筑最基本的属性：低造价条件下的建构体系如何满足采光、节能等建筑最基本的需要？如何达到平面使用的高效率？什么样的工作空间最适应变幻莫测的租赁市场？平面在市场的适应力成为设计的发动机，核心筒的极限设计让使用率达到了81%，几乎是办公设计的极限。10米跨度的无柱研发空间很好地回答了在租赁过程中市场宽泛需求的“通用空间”问题。一层的私密性用深陷的窗体和加密的竖墙设置得以保证，因而房子看上去是两段式而非三段式，更具现代性。复杂的现状和有限的资金，只能将园区内不足4万平方米的建设规模分为三个阶段实施，规划采用了四个大标准单元和八个连在一起的小单元对策，内部形成中心景观与楼间辐射景观，有效地解决了一、二、三期不同建设阶段内相对的视觉完整性。

依靠单元体的规划组合最大的挑战在于其个体的可识别性，对于四个大标准单元，我们选择了如下的立面视觉逻辑：反映结构梁板柱表皮的陶土砖、清水混凝土部分作为不可置换的固定视觉底图，在此以外的窗间部分，通过穿孔金属板、玻璃砖、仿砂岩生态板、木质百叶的不同置换，形成不同的差异性视觉。八个小单元体以不同的立面肌理形成立面标识的差异，外框依旧以陶土砖作为背景。

值得一提的是：由于上海同学资源众多，我的另外两个大学同班同学也分别承担了土建施工图纸和室内外环境的施工，为房子的高完成度提供了保障。

一期竣工的时候，我赶到了上海工地，向老同学问起了土建的决算，他兴奋地告诉我没算空调 1700 元 / 平方米，这包括了电梯与卫生间的精装部分，我们在上海张江完成了一个同时拥有最低造价和最高品质的奇迹项目。而这样的高品质并非通过主观的视觉评价，而是通过市场中的租赁价格标杆体现的。我也高兴，不仅是因为向老同学有一个好的交代，更重要的是我看到建筑又回到了其最基本的属性，建筑的根本精神通过建构意义上的基本设计得以完成，而不是依靠金钱堆积的概念，这与社会上大量的设计竞标导致的效果图比赛形成了鲜明的对比。

中国的城市化迅猛出乎所有人的意料，面对建筑造价的攀升换来的不是建筑质量的提升，而是建筑基本精神的更多丧失，中国建筑师今后对于基本设计的态度，将决定着中国建筑未来的价值观。也许有一天，建筑师不在“无限创意”上转圈圈了，把有限的设计资源和精力更多地放在建筑的基本设计上，我们会发现建筑不只在品质上提高了，在建筑的精神里还可以有更多的内涵。

建筑师的思想穿越了设计固有的界限，板块间的“界限模糊”也许就成为设计结果，建筑语言也因为穿越界限而得到了过滤和自省。

穿越边界

二零零八年十月

在这个观念飞速更迭的时代，甚至每个人一觉醒来，都怀疑我们自己是不是落后了。即便是在这样头脑被空前“风暴”成“疯爆”的环境里，对于建筑师这群思想意识常常走在社会前沿的职业人，许多固有的集体性观念却始终没有变化，依旧束缚着我们的思想：学规划做规划，学建筑做建筑，学景观做景观……思维的惯性让不同的大脑装着相同的楚河汉界……

在设计市场的利益驱动中，营造技术壁垒似乎成了理所应当的结果，

然而在这种看似专业化的背景下，在中国由于历史的原因，建筑师缺乏统领全局的地位和能力，建筑设计系统被一种隐含的、约定俗成的边界割裂了，设计思想也在各个固守的区域里相互制约、抵触和扭曲。这直接导致了令人不可接受和感到讽刺的结果：建筑设计反而在十几年专业化的背景下做得不专业了。

在服装设计、平面设计、包装设计、产品设计等视觉设计越来越共融共通的今天，面对“可持续发展与建筑师执业能力”这样一个题目，也许建筑师正需要穿越现有中国式建筑设计的边界，我们的建筑学才会演变成真正广义的建筑学，形成新的思维突破，让设计本身所具有的活力获得释放。

20 世纪 80 年代至 90 年代初，中国大地上发生的众所周知的历史性变革使原有的计划经济土崩瓦解，市场经济在资本的作用下开始制定新的游戏规则，规划及建筑设计行业随着城市及建筑设计的市场的成长以及境外设计模式的介入，使原有的行业板块进行了若干专业化分割，在原有的城市规划及建筑设计板块上衍生出前期策划、城市设计、景观设计、室内装饰设计、家具陈设设计、灯光夜景照明设计等若干板块。

这种行业的专业化分割和专项性延展，在建筑市场形成的初期，其积极作用几乎毋庸置疑。但随着中国设计市场的成熟，条块分割所带来的弊端也日趋明显：一方面从前期策划到建筑单体、再到家具配饰设计已经形成一个完整连续的链条，专业化的分割势必造成各自为战，使设计思想无法贯穿始终，链条过长、环节过多形成的积累误差之大已显现于近年的城市建设实例中。由于对于既定的设计目标基本上是十矢九偏，甚至南辕北辙，形成了物质和设计资源极大的浪费。这样的弊端在欧美并不明显，主要归功于设计市场已形成了建筑师对于建设项目的整体负责制，设计合同以契约的形式给予建筑师强势的地位，可以使设计思想贯穿整个设计的链条中。另一方面，各个专业化板块的固守城池，也影响了每一个板块的发展创新，近亲繁殖的基因衰减，已使原有的板块形成初期的活力丧失殆尽。城池长期固守的结果只能导致城池最终的失守。

仔细分析：因不同专业知识范围和深度不同，导致分割设计板块的边界貌似森严壁垒，其实不过是人为设置的节点造就的，它的产生或是市场运行、建设决策需要，或是施工专项延伸后无意识划分的结果。虽然每一个阶段制造的板块确实需要相应的更深层的专业知识，但如果一个项目的设计存在前提是共同达成的既定目标，那么该项目确实需要一个在各个阶段进行目标性把控的设计者，就现有设计各阶段的状态来讲，建筑师无疑是这个控制者的最佳人选。这不光因为建筑师的职业有着最为全面、最为系统的教育背景作为支撑，更重要的是由于历史的原因，“建筑师”这个名词作为西方世界的舶来品（接近现代定义的词来自文艺复兴期间的意大利），它的职业范围从始至终就涵盖从城市规划到家具设计的全过程，建筑学专业只有通过这样全过程的参与，建筑学理论才能更丰满、更贴近实践、更具创新性。

中国建筑师队伍在近二十年中已有了长足的发展，尤其在质量上正在酝酿着飞跃，从近年来的设计作品中便可轻易洞察建筑师的执业能力。他们的知识和技术积累使得他们已具备穿越固有板块疆界的能力，实现对于建筑设计有关链条的整体的把控。

可持续发展已成为全球达成共识的发展策略，建筑设计的目的锁定在绿色环保和节能减排上势在必行。在这样的背景下，要求建筑建造的各种资源必须统筹配置，建筑学作为营建过程涉及众多学科里的核心学科，也必须成为真正的广义建筑学，才能将绿色环保和节能减排的策略从前期策划延伸至室内，甚至家具设计中。

我们近期完成的包头市少年宫、图书馆项目，是对于设计边界穿越的一次尝试。

事情源起于一次普通的设计竞赛，业主对于建筑师的信赖成为这次穿越之旅的保证，使我们很幸运地得到了一份包含局部区域的规划、建筑单体设计、景观设计、室内设计、夜景照明的全方位合同。这使得我们对于建筑的理解可以运用在大到城市设计、小到家具的设计上。

建筑用地沿城市干道横向展开，设计界限的穿越，让设计结果产生了奇妙的变化，少年宫、图书馆屋顶柔软的过渡模糊了与中心广场的边界，建筑与广场形成了一个共同的连续场所，建筑可以理解为广场的延续，抑或广场是建筑的延续，协调在这里已不再是问题。建筑的室内环境完全以建筑自身的语言呈现着我们模糊建筑室内外界限的意图：裸露的混凝土柱板、无顶棚的全明管线、充满阳光的贯通空间，无一不是建筑本体语言的讲述。上下飞舞的楼板模糊了楼层的概念，从楼板和地面延伸后隆起的家具以及重要的标识设计，都是建筑设计语言的再次延续，家具、标识、装饰和建筑本体模糊了界限。

建筑师的思想穿越了设计固有的界限，板块间的“界限模糊”也许就成为设计结果，建筑语言也因为穿越界限而得到了过滤和自省。

此文的举例也许并非典型，其完成度和关注价值也是可以商榷的，笔者亦无鼓吹建筑抢规划师、室内设计师饭碗的意图，因为拒绝设计专业化的倾向只能是简单的退化，但需要指出的是如果因为专业化而打断了连贯的设计链条，设计就是一种倒退。

当一个建筑从策划到家具设计，完成了一次连贯的思想穿越时，建筑和环境给予的力量甚至连设计人都始料未及。穿越之旅，对于建筑师是一种心灵的奇妙体验。

甲乙两地书之来信

二零零八年一月

曹工：

你好！

上次电话简要谈了我关于包头市图书馆、少年宫室内空间设计的一点个人看法：

1. 少年宫内大厅中一面墙上有规则地布置三种颜色地装饰，是否有一些太过于规整？

2. 图书馆内少儿阅览区（大概是，手头没有你的设计图册，凭记忆），通过一面墙涂成绿色，这种做法的延续，是否将少年儿童与颜色认为是一个必然逻辑或很有机的统一来表现？

3. 夜景照明我个人认为不是一个成熟或认真思考的结果。与你对室外空间方案的研究和设计不在一个层次上。

4. 剧场中男女厕所左右分设不同地点是否合理，如是一座办公楼，人们长期使用，能轻易地找到，对于偶尔使用的剧场能否有一个更好的方案？

拜读了《感性记录》，其中，“形式之中，人是表现的主体，他们可以在开敞的走廊、楼梯、电梯中自在游弋，建筑本身的各个界面已不再重要，仅仅是限定空间的手段，关注并强调人的活动空间本身以及他们的关系，将是设计的基点，而与此无关的所有东西都将最终放弃。我们始终坚信：建筑的美可以源自明确、逻辑，以及建筑师运用材料的诚实立场。”

我读了好几遍，非常精彩。由此通过你的观点和文字，我理解和修改为：人在特定功能的限定空间中自在游弋，外在的形态、活动空间本身以及他们的关系是基点，空间内的内容也是基点，内外的色彩和光影也是基点。（基点有些多和啰唆。）（常理的建筑与非常理的建筑强调点是不一致的，侧重点应有不同。）

图书馆的内部大部分可以认为是一个统一的、明确的（少部分除外）灰色调，就像你介绍的荷兰乌得勒支大学的图书馆内部黑色调的统一，但我也想象不到灰色调的实物；少年宫内活跃的气氛或童真的气氛该如何表现，仅通过一些涂上颜色的墙体来实现，是表现得直接了还是我想得多了，在你最初的方案中外立面没有如此点缀，现在感觉内院外立面还是丰富的，内部如何衔接与表现？是否捎带地也能让进入其中的成人回忆起童年时的乐趣和游戏？

以上是个人的感受，不作为修改的意见，我不想有丝毫影响你作为建筑师正在进行的设计，从外到内的设计全由你们来做，就是为了体现你们的思路和思想。正如你说的："享受着房子造就的愉悦"。

期待，总是精彩。

包头　李宏春

包头市少年宫室内

甲乙两地书之复信

二零零八年二月

宏春处长：

你多日前发给我的电邮早已阅西悉，只是年底各类事务繁多又连续出差数日，一直未给你回复。另一个更重要的原因是你的字里行间渗透着对于这个项目的期待和对我的信任，也让我在这段时间强迫自己思考了很多。平日事多无静心，正好放在春节的假日里回复你。

关于少年宫的室内设计问题，我想把它放在一个更大的范畴上考虑，而不仅仅是一个纯粹的视觉问题。可能是自己有孩子的缘故，特别理解孩子的需求，这是基于一种对少年儿童的行为上的尊重：首先我们不想把我们认为的少儿化设计，或者一般成人认为的少儿化设计做到建筑上。虽然这种做法可能在某些建筑师或某些成人的圈子中得到认可，设计成果也可能因为更视觉化而得到一些奖项，但这些对孩子们没用。我的最大希望是孩子能在这所房子里找到归宿感，因而孩子要有更多的参与。比如我们在大厅中保留了一面两层高的橱窗，悬挂孩子们的作品，橱窗本身也是装置艺术，里面有大量的彩色泡沫粒，可以由孩子控制风量及动态，形成彩色风暴。我们在走廊的休息厅设有整片墙的素木板，供孩子自己图画，自己订东西，让他们觉得自己可以为这个房子留下点什么，自己改变了房子。我想这个房子如果能给孩子们非同一般的体验，哪怕只是让他们放开地疯一下，也会在他们的童年中留一段美好的片断。其实这和评奖也不矛盾，世界上有影响力的建筑奖项的评选，最终要依赖于对房子的体验，而不是一两张照片。

我更坚信：设计的力量在于体现与之相关的行为价值。在这样的评价标准背景下，我想您来信的第一点担忧应当容易回答：少年宫大厅东侧墙面的颜色墙体规整只是一面背景，而不是演出者，这个空间的演出者应该是孩子和他们的作品。

关于图书馆的室内设计问题，我想气氛的塑造还是关键，仅仅是读书的气氛还不够，读书和学习的最高境界是需要，也是人的一种精神需要，其实应该和宗教的气质有些相似——神圣。现在是人类空前奢华的时代，我们不仅可以拥有很大的书房，还可以在星巴克，在巴厘岛的海滩读书，超豪华的酒店和精美华丽的商业环境，加上百分百被商业化的媒体推波助澜，让许多人对高尚与豪华的价值观发生偏离，从崇拜黑金花的大理石、意大利的水晶灯发展到软包澳洲小牛皮、红木古旧家具，所有的一切仅仅是换汤不换药、甚至连汤都不换的表象转化，骨子里依旧是对金钱的崇拜。当一个社会的核心价值只是通过花钱摆阔显富、贴金嵌钻或是粉饰颜面来体现的时候，这个社会以及民族的价值取向就会变得异常危险。所以我们在设计中尽量体现由思考而引发的空间本身的设计价值，而不是单一材料的贵贱，而表达这样的空间需要材料的单一性。反过来在空间中或是视野中的单一性的材料极大地体现出这种材料的美感，比如我们看到单一的沙漠、海水、戈壁、草原、白桦林等等。

正逢春节，偶然看到了历届春晚的回顾，看到２０世纪８０年代末演员们浓眉红嘴的波浪卷和飞机头的样子，真是好笑，以现在的标准看要多土有多土，反倒是台下的观众，男或小平头，女或运动头或清水挂面，显得自然，更接近现代的审美标准。如果探讨美的标准，粉饰与修琢的样式一定有过时和时尚之分，从类型学的角度上看今天的时尚一定就是明天的过时，而清水芙蓉、本面示人却永远是永恒之道。我想这也就是为什么我在这个项目中更偏爱混凝土等一些最本色的材料，而尽可能地摒弃装饰，甚至摒弃吊顶而裸露上面的管线。当然，这样的做法并不是简化设计，相反大量的管线必须精确定位，连接节点也必须细致设计，设计的工作量反而成倍增加。我总以为做好设计就不能把它当成生意，因为生意这件事永远是在追求尽量少的投入，尽量多的产出！

报告厅卫生间的设计平面还是非常紧凑的，因为规模不大，通过标识系统的设计还是可以很好地解决卫生间在两侧的问题。

关于夜景照明设计，我自己也不是很满意，主要是汇报前发现原来的想法有问题，由于时间的原因已经不太可能再调整了，当然思想表现得也不充分，我想还需调整和进一步深化，在年后再找一个时间做一次单项汇报吧！

建筑师总是自以为是，执着和偏执只在毫厘之间，我也很难判断自己的状态是执着还是偏执。但在很多大是大非的问题上，建筑师思考的深度和广度经常还不如一些非专业的人士，和你的交往让我更深入思考了许多关于建筑和非建筑的问题，受益匪浅。一个好的建筑作品，一定建立在业主和建筑师良好的互动上！

感谢你对我们工作的支持，希望你能在今后及时指出我们工作中的不足。

再祝新春愉快！合作愉快！

曹晓昕

二零零八年春节

包头市图书馆外景

对于很多从高考过来的人，高中的生活几乎是一生最残酷的阶段，“高考前噩梦般”的经历甚至让一些人不堪回首，若是这些充满人性光芒的空间能够给予心灵些许抚慰，哪怕是各式各样空间故事里的一个美好场景或画面，对于建筑师们，就足够了！

空间的关怀

二零零九年三月

在中国版图“公鸡”背上的内蒙古巴彦淖尔市，正在以空前的发展速度成为中国经济发展速度最快的地区。在这片新城的西端，政府计划斥巨资打造一个国内一流的超级高中：占地 300 亩，建筑面积 7.5 万平方米，容纳学生、教职工共计 5000 人，仅这些它就可以算作一个真正的中学城了。

说到中学城，就会将设计引申到城市的层面，这又不得不让我们从规划上思考现代校园的空间状态，当然我们更意识到：它同时是北方的，也是中国教育特色及管理制度下的。起初，我们习惯性地审视了目前校园尤其是中学校园的状态，使我们对于千篇一律的被条板状建筑分割的校园提出了质疑，让空间的批判成为这次设计的起点：板式教学楼和宿舍是过去一个时代的产物，国内现行的中小学设计规范和办学模式强调更多的是保障性内容和教学功能的完整性，对学校在非教学功能上的需求没有明确要求，而在目前这个普遍定额设计的时代，原本很重要的人的感受和丰富空间的必要性，几乎已经被很多人完全忘记了。在这个项目中，我们更想使室外的校园空间拥有更多的场所感，让它们在底层彼此连通，形成空间的流动，给人更多的游走可能。

我们把巴彦淖尔市高级中学教学楼的设计放在重点，试图在现有规范和办学模式下进行一些积极而有意义的尝试和探索。通过功能分析形成了高一、高二、高三、生化试验和其他公共教学五个相对独立又互相连通的教学组团。在此基础上，配合年级和教学任务的不同，在满足使用功能的同时，又引入了五种主要的人的行为方式，定义出冥想的院落、游走的院落、审视的院落、观演的院落等。通过将一个简单的方形内庭院空间同构变形的方法，用建筑的空间感和蒙太奇手法去丰富并强化这五个校园生活的概念。

好的建筑和好电影一样，都是由一个个动人心弦的记忆片段组成的，不同的是建筑的场景立体、固定，甚至可以触摸。巴中的设计尤其是教学楼的五个各异的庭院能够作为一次积极的尝试，给它的使用者带来一些值得回忆的美好时光，对于高中他们记住的不再仅仅是那些公式符号和单调的生活，还有在这里各式各样的空间和空间里发生的各式各样的故事。

对于很多从高考过来的人，高中的生活几乎是一生最残酷的阶段，“高考前噩梦般”的经历甚至让一些人不堪回首，若是这些充满人性光芒空间能够给予心灵些许抚慰，哪怕是各式各样的空间故事里的一个美好场景或画面，对于建筑师们，就足够了！

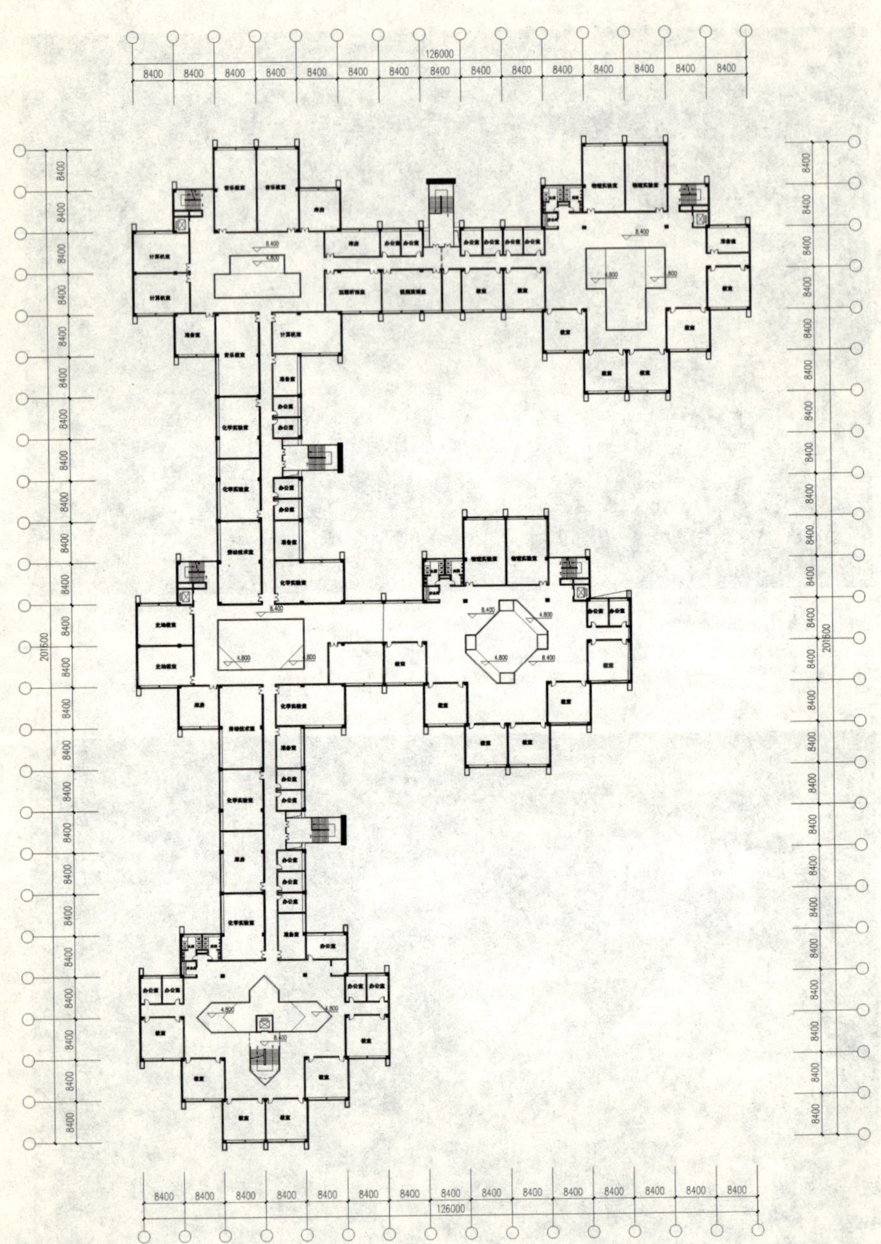
126000
8400
201500
8.400
4.800

设计说明之一

二零零四年十月

我们问自己：封建制度下的北京城和紫禁城是什么？

是千万人为一个人建造的城市和宫殿，严格对称和帝王才能通行的轴线成为皇权至上制度的现实表述，通过建筑对人强化等级是对人性的压制，如此的建筑和城市只为一个人的存在而存在！

从三皇五帝到现代化的信息时代，帝王专制被人民民主制度的取代并没有动摇固有的建筑审美观，建筑表达永恒的同时掺杂着权力欲望有增无减，几乎所有国家政府机构大楼依旧采用威严的对称形式。欲有作为的官员们依旧把他们的英雄情结寄托在帝王时代的形式上，这无疑损害了建筑本体的根本属性——效率和舒适。政府的职能从建国初巩固政权的人民民主专政已经向服务于社会转变，但随之带来的具有亲和力的人性的光芒，却在千篇一律的巨大柱廊和大台阶面前黯淡了。

在北京市人民检察院新办公楼这个项目上，我们试图找寻一个新的答案：建筑效率和人性化的办公环境，以及由分析城市进而引发对建筑城市性的思考。设计在两块比邻的不同的城市限高场地上进行，工作从联系两块场地、整合建国门桥周边的环境开始，由此分析和推导的结果很自然地成为固有的政府机关办公楼模式的叛逆。设计将内部造园看作整个建筑设计展开的引子，形成室内外及屋顶的一系列的景观互动。园林中植草、卵石、透水砖、防腐木板和条形石凳组成东西方向延伸并错动的肌理，将建筑巨大的城市尺度化解成园林尺度，形成了为人存在的景观带，竹雾、松林、翘梅、孤杉的景观片断，是中国传统园林意境最好的回应。

建筑的表皮材料很好地阐述了明确的功能关系和视觉关系。10cm×10cm 的金属隔架是中国古代木质门窗窗格的尺度，被格架分割后，又穿过幔纱散落在地毯和桌面上的阳光，把空间拖回了木棂纸窗的时代。外墙采用朴素的清水混凝土挂板体系，镶嵌其间的 U 型玻璃适度地表达了与商业办公楼的区别。建筑的室内空间、园林空间在材料使用上保持了与建筑外表皮的一致性，木质感强的板材应用的增加将石材控制在尽量少的范围内，廉价的水泥压力板作为室外混凝土挂板的延续，在室内也得到了大量的应用。

我们努力在这个项目上实现对既有的国家机关办公楼进行的一种批

判，作为建国门西北角这块场地上已经实际发生的建筑行为，无论从形式空间还是材料组织，这样的批判看来都似乎不够彻底，建筑师依旧在项目中隐藏了些许遗憾和文字无法表述的苦衷。但是由这样的形式批判让我们获得的力量，使我们的项目轻松地摆脱了陈词滥调式的建筑叙述方式。20世纪 90 年代初，刚解除封闭状态的中国建筑界还可以通过不断地录入西方的新的信息向前高歌猛进，然而这种依赖在十几年后却显得后劲不足，这时勇敢地扭过头来，回身做一次自我的批判就显得弥足珍贵。在中国越来越多的纳税人开始关心国家机关办公楼如何花销自己的税款的今天，这栋大楼所拥有的效率、人性、朴素的现实表述无疑是与时俱进的，或许它还能成为明天解答这类建筑问题的答案提示。

设计说明之二

一九九九年九月

我们不赞同建筑是通过设想及主观的判定生成的，建筑更不需要来表现什么，象征什么，抑或是什么标志，因为建筑本身不应是纯粹的视觉产物，否则为了征服观者的眼球，建筑只是一种视觉暴力。

我们在这个项目中试图寻找一种逻辑，期望由此产生这样的形式：它有效地控制着场地；可靠地预见未来的发展；完善地满足业主的要求。形式之中，人是表现的主体，他们可以在开敞的走廊、楼梯、电梯中自在游弋，建筑本身的各个界面已不再重要，仅仅是限定空间的手段，关注并强调人的活动空间本身以及它们的关系，将是设计的基点，而与此无关的所有东西都将最终放弃。

因果关系的链条就始终贯穿于我们的整个设计过程之中：

1. 用地在北京的昌平郊区，北、南观山，东可望水，极佳风景。设计提供了更多的视线开放点——连廊或阳台，也是对大空间集中式办公吸烟人群吸烟权的尊重。

2. 1 号楼、2 号楼分别属于不同的两家公司，产权分界须明确。两楼的面积和性质不同产生了平面上不对称的处理。两楼设备及停车区资源共享并能产权划分，投资效率较高；除架空廊道外，地产分界上无建筑、水池跨越。

3. 项目的用地面积较大，因此在体形上我们尽力伸展，内、外部均形成共享空间。

4. 集合式开放大空间要求大进深，自然形成建筑平面的出挑。平面进深大，要求外墙提供的光通量多，反映在立面上就是出挑的部分为大窗，后退的部分为小窗。由此，平面关系、虚实关系和体形关系建立起了逻辑上的对应。

5. 通过横向水平肌理构成的外墙面强化了建筑在场地中水平延伸的状态，水平肌理的表达采用陶土砖同质不同工艺处理的方式，在不同的光线和角度呈现出难以预料的肌理效果。

中软总部办公楼是一次我们重新回归建筑基本规律性的尝试。设计过程依靠明确的建筑逻辑构建了建筑形式，并将诚实、理性的材料立场落实到建筑实践中，为形式本身找到了归宿。

端不稳 拿不住 搞不清

二零零五年三月

我真的很“感谢”那些机场的装卸工人，要不是他们在完成本职工作的基础上还对我托运的箱子额外用力、加压，我三脚架上的云台也不会断为两截、身首异处，要知道这云台本是一块铸铁，一般猫三狗四的功夫还真奈何不了它。

于是在埃及、土耳其和希腊，成了一段没有三脚架的日子。

夜色斑斓、光线幽幻，相机端不稳了，干脆晃着照；穿行在喧闹、杂乱的街市中，相机拿不住了，索性蹦着拍、转着拍；照完的相片拿给人看基本上都看不懂、搞不清。

摄影是真实世界的反射，但谁又能说得清什么是真实的世界？在B门里，时间成为真实世界的第四个维度，难道它不更客观、更全面吗？往往是这样：视觉上搞不清的东西，在内心深处，我们会体验得更清晰。

很爱几米的句子：

“生命中，不断地有人离开或进入。于是，看见的，
看不见了；记住的，遗忘了。
生命中，不断地有得到和失落。于是，看不见的，
看见了；遗忘的，记住了。

然而，看不见的，是不是就等于不存在？记住的，是不是永远不会消失？”

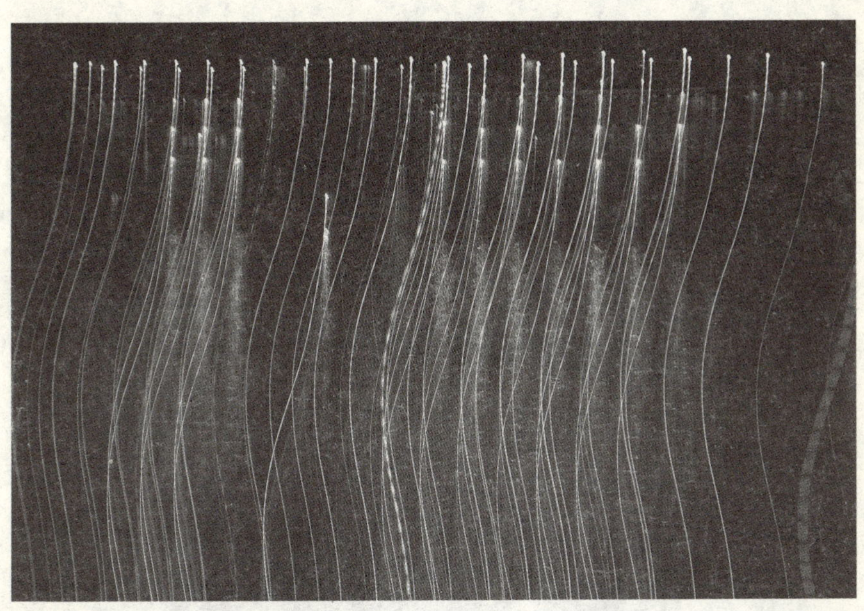

在工作室公共区的多功能吧台，看似怪异的形状解决了不同数量的人在此交流、遐思。

设计，在困境中选择

二零零九年十月

这件事情的缘起，就是困境：建筑院实在拥挤，大间一条两米多的过道挤满了几十个实习生和新员工，一间二十多平方米的会议室居然挤进了十多个来自四个工作室的员工，新员工成了“三无”人员：无电话、无柜子、无桌面。所以与其说我们工作室是乔迁，倒不如更准确地讲是脱困。

食堂东门边最不起眼的一座住宅楼的一层，是原有设计院的印刷厂，工作室的“家”将设在这里。一次普通的室内改造设计，让我面临了许多第一次：面积 300 多平方米，楼上的住户管线错综复杂，第一次面对如此小而难的改造设计；为自己而设计，第一次做自己的甲方，初期以为可以做自己想做的设计，后来才发现这是一次在自己价值底线上不断挣扎的设计；第一次做这么没钱的项目，真的没钱。院里只提供刷白、平整地面和必要的管线改造，工作室底子薄，除了添置必要的普通家具，算算几乎没钱让我做必要的空间改造；房子的空间到处都是二层住户的上下水管和暖气管，大梁和各种方向尺寸的次梁乱置其间，现场看了好几遍，直到现场施工仍有新的发现……

工作室虽然没有钱，但凭着我和张燕多年做工程积累的关系，引入了产品广告赞助和推广机制，工作室的天、地、墙成为实物广告载体，当然这也意味着我们在设计时没有过多的选择，有时甚至是唯一的。以往的设计总是面临诸多的选择，而在这里，面临的各种困境总是比自己想象得多，选择几乎是不多的，能做的就是有什么米，熬什么粥，这也让我更关心设计的基本问题。从某种意义上讲，工作室的这个设计其实就是一个基本设计，在各种不着边际的概念、理念和创意横行的时代，它更贴近设计的本质——以悦人的方式解决问题。

工作室的主题是管子：原有的管子＋新设的管子，在现场看到工人用砂轮切 PVC 管子萌生创意，将荧光灯管插入用砂轮切出缝隙的管子里，不留神设计了一次灯具。

改造之前的办公室，破败的景象却激发了建筑师的改造冲动。

金融街的 F3 大厦剩余管料被用来作为防盗护栏。

按照规范及标准图集设计的家具，将有效的资源效率化。

内蒙古雕塑的拟稿

另外的设计（一）

——逼上梁山

二零一零年七月

“逼上梁山”这个词本身的意思就是一种另外，说是一身赤胆忠心，环境因素所致，意想不到地成为反皇帝的落草贼寇，结局很另外。

“逼上梁山”对于我这件事再合适不过了。

2009 年的一天，一不留神进入艺术家团队，成为“之一”进行一系列户外的当代艺术品创作。同时，我还是这个项目的建筑师。

当然我也深知自己的底细，没有一身武艺，哪里敢随便上得梁山，所以一开始选择了更接近自己老本行的装置艺术，通过一组“类建筑”的光纤混凝土的光环形成了光的通道，光纤混凝土的垂直角度透明特点，使进入通道的人产生莫名的奇妙体验。做混凝土和做光的游戏其实是建筑师的本行，因而也算轻车熟路。没想到因为造价突破预算，我又对尺度特别坚持，这个装置的方案最终被甲方否了，甲方指明了我不能搞特殊化，必须“来”个雕塑。

既然事情被逼到这份儿上，又有人指出了去处，这和《水浒传》的某些情节是一致的，就只有上梁山了，于是有了下面的设计和关于落叶的故事。

和以往做建筑不同，我更想传递一种更为个人化的价值理解：作为树叶飘零的伤感段落的过程的倒带式回放，希望更能够把摆脱地球引力的瞬间凝固下来，而这样的状态呈现是反伤感的，是充满激情的。作为一件纯粹的艺术品，也许是不应该增加它的参与性的，可我还是希望孩子在上面戏耍攀爬，触摸铜质的表面，于是在竖向上给予了较低的尺度和刻意变换的曲面，也许这就是建筑师的局限性吧：对纯粹的形式的力量，总是迷恋又总有点怀疑。

所以归根结底，我还不是艺术家。正如梁山上的寇贼归根结蒂不是寇贼一样，一有招安还是忠臣良将，寇贼只是生命中的一次客串。

有一天，叶子掉到了地上。

但它不愿叶落归根化为尘土，它留恋自己在枝头时的最美好的时光。

渴望回到树上的叶子们聚在一起，无数的小叶子形成了大叶子。

落叶越聚越多，大叶子就越来越厚，从地面上升了起来，它们离梦想越来越近了……

雕塑借助叶子的形象表现出对梦想的不懈追求，同时为市民提供了休憩、玩耍的公共活动场所，营造了观赏性与公众参与性兼备的建筑室外空间。

雕塑个体长 3 ~ 5 米，高 0.3 ~ 0.9 米，材料为黄铜，表面为曲面，压铸树叶图案，边缘凿出竖向线条，表现出拔地而起的张力。

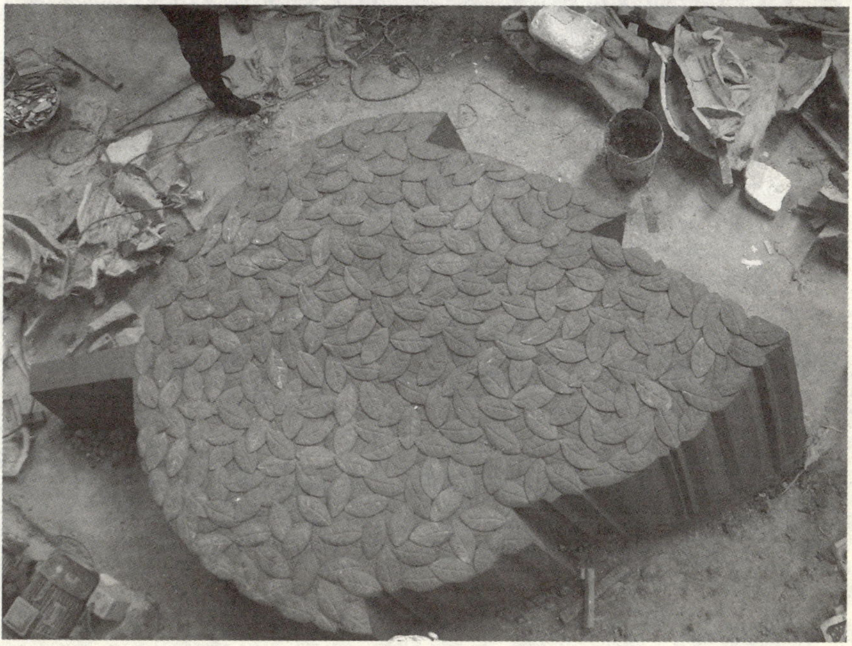

另外的设计（二）

——建筑师包

二零一零年五月

我常问自己：除了设计房子，我还会干什么？还能靠什么糊口？应该不会有了。20年前身轻如燕、飞跃在110米栏架的时候，干干搬砖扛包的简单活计也许还能撑上个把星期（更可笑的是，小时候因国画比赛获奖，曾经幻想过以水墨丹青混饭吃）。如今转眼现在四十有一了，已绝对不敢再有不切实际的想法，只做建筑设计！更何况建筑设计又是如此的玄妙难测，即使你一辈子献身于此，也未见得能够拨云见日、透彻精髓！

这几年数次带队工作室赴欧洲考察参观，让我备受刺激，国内的小白领对国际名牌箱包特感兴趣，不惜拿出几乎一两个月的薪水去买一只烂了街的所谓国际名牌。时尚吗？前卫吗？在我看来一点儿也不，至少对于大部分在两万元以内的 LV 和 PRADA。我也曾仔细地研究这些包，做工确实精美，却并不适合设计师的日常工作，大部分对于设计师很不够“品”。于是萌生设计一款设计师专用皮包的想法。

事情几乎是又撂了一年，几个月前赶巧数个工程处于休眠和报批等待状态，干脆把建筑的事情了一了，设计了一款为设计师用的包：笔、比例尺、电脑、钱夹、钥匙等一包打尽！包可背可夹，灵感则是来源于设计院沿用了几十年的文件袋。用料选自意大利的上等牛皮加上 riri 的拉锁，品质不输任何一个国际品牌。而可以无折痕地放置 A3 纸，应是建筑师们的最爱。

在微博里，有人问我是不是要做买卖了，我说：“不是”。我所做的一切只是想用我们的产品设计传递这样的价值观：一，空间研究是有价值的，集成空间是有力量的，它是科学，也是建筑学的核心；二，尊重文脉和人的情感，正如建筑师包对建筑师有着特殊的情感诉求，它的设计灵感来源于设计院一直沿用的牛皮纸质地的公文袋；三，设计的价值是昂贵的，它一定比皮子和拉锁贵，即使它们是最昂贵的极品。面对来我这里砍设计费(只占工程的 2% ~ 3%) 和不认为建筑学是学问的甲方，我希望这样一个产品能有助于他们对建筑设计这样一个职业的理解。

微博里，也有人问是不是以后会改行去做包，我说不会，因为以后我一定不仅仅去做包，还会做别的，但就是不改行。建筑师是我的职业，其他的是业余，人只要有业余，就是一种最好的状态，我想不仅是作为建筑师。

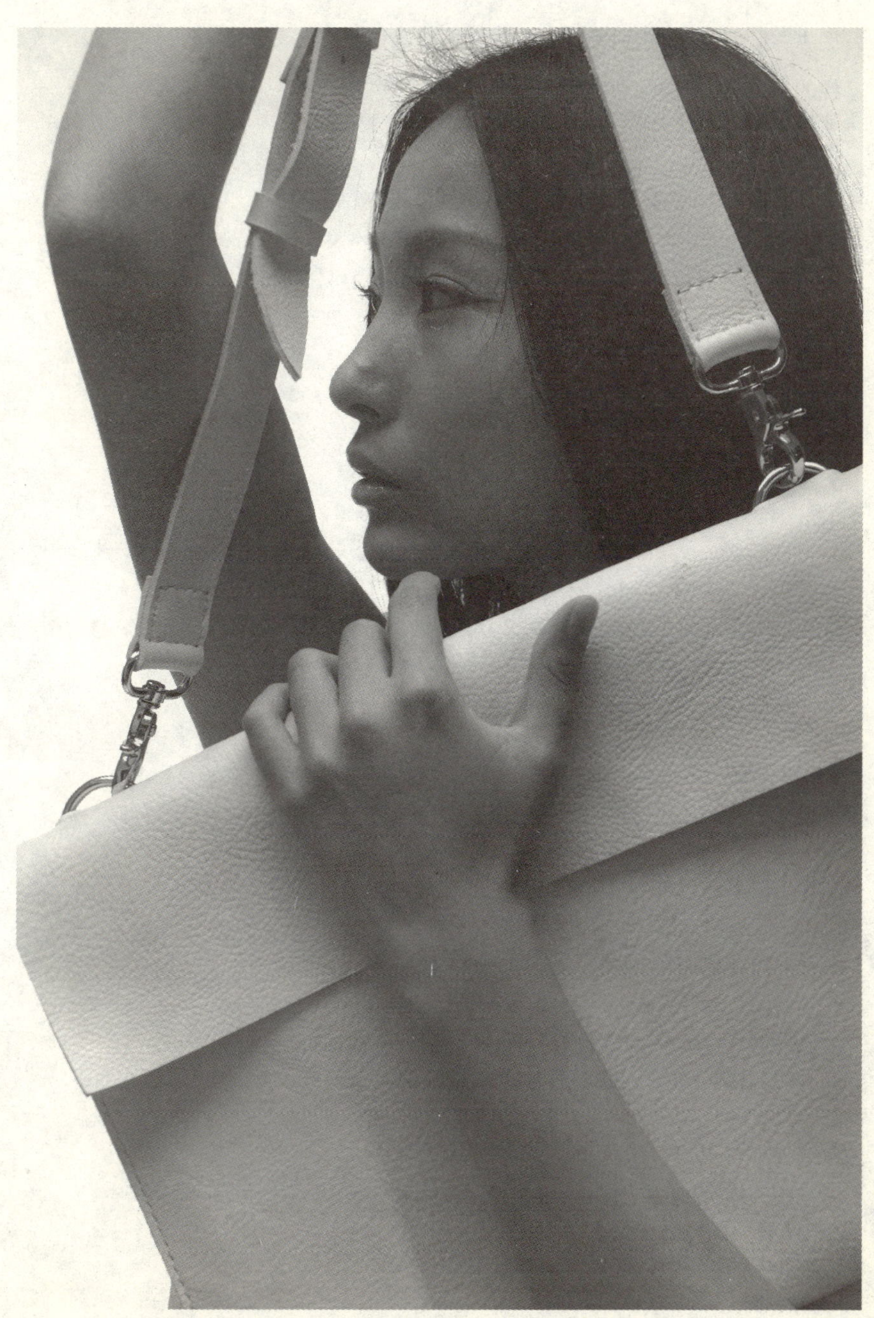

图书在版编目(CIP)数据

纯的杂　有关建筑 / 曹晓昕著．—北京：中国建筑工业出版社，2011.10
ISBN 978-7-112-13649-0

Ⅰ．①纯…　Ⅱ．①曹…　Ⅲ．①建筑设计－文集
Ⅳ．①TU2-53

中国版本图书馆CIP数据核字（2011）第221221号

责任编辑：孙　炼
责任校对：刘　钰　姜小莲

有关建筑
纯的杂
曹晓昕　著
*
中国建筑工业出版社出版、发行（北京西郊百万庄）
各地新华书店、建筑书店经销
北京嘉泰利德公司制版
北京中科印刷有限公司印刷
*
开本：880×1230毫米　1/32　印张：$5^3/_4$　字数：200千字
2011年11月第一版　2013年1月第二次印刷
定价：**35.00**元
ISBN 978-7-112-13649-0
（21399）